Sascha Bartnitzki

... NUR DU VERKAUFST

Mehr Wille, mehr Mut – mehr Erfolg!

BusinessVillage
Update your Knowledge!

Sascha Bartnitzki
... NUR DU VERKAUFST
Mehr Wille, mehr Mut – mehr Erfolg!
1. Auflage
Göttingen: BusinessVillage, 2010
ISBN 978-3-86980-061-5

Bestellnummer
Druckausgabe Bestellnummer PB-827
ISBN 978-3-86980-061-5
E-Book Bestellnummer EB-827
ISBN 978-3-86980-062-2

Bezugs- und Verlagsanschrift
BusinessVillage GmbH
Reinhäuser Landstraße 22
37083 Göttingen
Telefon: +49 (0)551 2099-100
Fax: +49 (0)551 2099-105
E-Mail: info@businessvillage.de
Web: www.businessvillage.de

Layout und Satz
Sabine Kempke

Druck und Bindung
fgb. freiburger graphische betriebe, freiburg

Inhalt

Über den Autor

Sascha Bartnitzki ist Experte für Akquise und Piranha Selling®, mehrfacher Buch-, Hörbuch- und DVD-Autor. Selbst seit 1989 als begeisterter Verkäufer tätig, weiß er genau, auf was es ankommt und was erfolgreiche Verkaufskommunikation ausmacht. Seit 1995 arbeitet er als Verkaufstrainer, Vortragsredner und Inhaber des Unternehmens IPT® Innovatives Personaltraining in Karlsruhe. Mit zahlreichen Veröffentlichungen in der Fach- und Wirtschaftspresse gilt er als einer der TOP-Akquise-Experten in den Medien. Sascha Bartnitzki ist Urheber und Markeninhaber des Begriffes, der Strategie und der Konzeption von Piranha Selling®. Er ist einer der wenigen Trainer, die gemeinsam mit ihren Teilnehmern die gelernten Inhalte der Seminare in die Praxis umsetzen. Denn in seinem LiveCoaching-Programm begleitet er die Teilnehmer seiner Trainings direkt an den Arbeitsplatz, also an ihren Point of Sale.

Kontakt

Sascha Bartnitzki
IPT® Innovatives Personaltraining
Telefon (07 21) 9 89 25 90
info@innovatives-personaltraining.de
www.innovatives-personaltraining.de

Vorwort des Autors

Franz Kafka sagte einmal:

„Verbringe die Zeit nicht mit der Suche nach einem Hindernis – vielleicht ist keines da."

Kafka war kein Optimist und doch erkannte er, dass viele Menschen nur deshalb scheitern, weil sie sich gedanklich selbst Steine in den Weg legen. Egal wie die wirtschaftliche Lage ist, wie die Umfeldbedingungen sind, es gibt immer Verkäufer, die verkaufen und es gibt andere, die glauben zu wissen, dass nichts geht.

Seit 1995 habe ich in der Zusammenarbeit mit vielen Vertriebsteams und bei der Begleitung von unzähligen Verkäufern immer wieder diese beiden Spezies kennen gelernt. Und es gibt sie tatsächlich, viele gute erfolgreiche Verkäufer, die sich täglich bemühen, das Richtige zu machen, die ihre Kunden ausführlich informieren, die fast rund um die Uhr für ihr Unternehmen im Einsatz sind und doch immer mühsamer immer weniger verkaufen.

Woran liegt das wohl? An den wirtschaftlichen Bedingungen? An den Kunden, die alles immer günstiger haben wollen? An der Globalisierung? Am größeren Druck der Unternehmen auf den Vertrieb? Oder daran, dass wir uns all diese Fragen überhaupt stellen!

Die Organisation hat einen großen Stellenwert eingenommen. Prozesse bestimmen unser Dasein, Formulare den Tagesablauf und Regeln den Umgang mit dem Kunden. Anhand von unzähligen Analysen lässt sich alles bestens in Tabellenform darstellen, wir wissen also genau, was nicht funktioniert! Doch dem Verkäufer sagt anschließend keiner, was er machen muss, damit es funktioniert. Was nicht funktioniert, wird einfach ausgetauscht. War es früher, im Zeitalter der Produktion, die fehlerhafte Maschine, so ist heute, im Zeitalter der Informationsgesellschaft, der schwächste Verkäufer an der Reihe!

Im Wissen um all diese täglichen Begebenheiten ist es nachvollziehbar, wenn der einzelne Verkäufer einfach nur versucht, im System bestehen zu können, die Planzahlen einigermaßen zu erfüllen und nicht weiter aufzufallen. Dabei haben die Meisten enormes Potenzial – allerdings fehlt ihnen vielfach der Mut, den Willen auch in die Tat umzusetzen.

Genau um diesen Mut geht es mir nicht nur in meinen Vorträgen, Trainings und LiveCoachings, sondern auch in diesem Buch. Ich möchte das Thema Verkaufen transparenter, klarer und für Sie erlebbar machen.

Seit dem Erscheinen meines letzten Buches „Piranha Selling®" habe ich in der Begegnung mit vielen Verkäufern festgestellt, dass es damals wie heute immer noch um den geforderten „Biss" im Verkauf geht. Die erfolgreichen Piranha-Faktoren „Begeisterung fühlen", „Begeisterung vermitteln", „Fachwissen" sowie „Ausdauer und Biss" sind auch gerade heute noch unabdingbar. Allerdings müssen diese um zwei entscheidende Punkte ergänzt und erweitert werden: Mehr Wille und mehr Mut!

Mit diesen beiden Faktoren werden wir uns in diesem Buch ausführlich beschäftigen. Denn eines kann ich Ihnen bestätigen: Verkäufer, die ihre Fähigkeit, aktiv zu verkaufen, erst einmal erkannt haben und dazu noch den „Willen" und den „Mut" finden, Verantwortung dafür zu übernehmen, sind nicht mehr aufzuhalten. Denn sie wissen, was und dass sie es können.

Gerne möchte ich Sie in diesem Buch von Kapitel zu Kapitel begleiten und aktiv mit Ihnen daran arbeiten, sich Stück für Stück weiterzuentwickeln, Ihren Willen zu fördern, mehr Mut an den Tag zu legen, um damit mehr Erfolg zu haben.

Das, was ich täglich bei meinen LiveCoachings mit Verkäufern erlebe und an Methoden weitergegeben habe, liegt nun in diesem Buch vor Ihnen. Eine Vielzahl an umsetzbaren Strategien und sofort anwendbaren Tipps, aber auch eine ganze Reihe von Inspirationen, die Ihnen die Möglichkeit geben, immer genau die Fähigkeit abzurufen, die Sie in eben jenem Moment mit Ihrem Kunden brauchen.

Ich verspreche Ihnen, dass die Reise spannend sein wird, Sie vieles wiederentdecken, was vielleicht nur verborgen war und vieles neu entdecken, von dem Sie nie für möglich gehalten haben, dass es Sie bewegt. Und jetzt wünsche ich Ihnen viel Spaß auf unserer gemeinsamen Entdeckungsreise durch die grenzenlose Welt des Verkaufens.

Sascha Bartnitzki

Einleitung

Der Wandel im Verkauf – Entwicklungsprozesse verstehen lernen

Die Geschichte des Verkaufens ist mindestens ebenso lang wie es Menschen auf dieser Erde gibt. Vom Tauschhandel über die Entstehung der ersten Zahlungsmittel und damit der Entdeckung des Marktes. Wer verstand, wie Angebot und Nachfrage funktionieren, hatte gute Chancen, im und mit dem Verkauf hervorragende Geschäfte zu tätigen. Im Gegensatz zu heute war die Konkurrenz überschau- und der Markt beherrschbar.

Heute unterliegt der Verkauf, wie alles andere auch, einem wesentlich schnelleren Wandel. Namhafte Unternehmen gehen ebenso schnell unter wie sie aufgestiegen sind. Marken, die gestern noch in aller Munde waren, verschwinden aus dem Blickfeld. Neue und auf den ersten Blick revolutionäre Produkte haben – auch aufgrund der starken Kopierbereitschaft – allenfalls eine zeitlich limitierte Daseinsberechtigung.

Verteilermärkte gibt es längst nicht mehr und damit auch keine Hängematten für Verkäufer, die es in der Vergangenheit gewohnt waren, dass Kunden, egal was sie auch angeboten haben, die Ware abnahmen, weil sie diese einfach brauchten. Auftragsblock ade! Denn mit Wille, Mut und Leidenschaft macht Verkaufen heute viel mehr Spaß – vorausgesetzt, wir erkennen die Chance, die sich dadurch für uns als Mensch und Persönlichkeit ebenso wie als Teil dieser Wirtschaft ergibt.

Geiz ist chic?

Genau der Verkauf, oder besser gesagt, die Verkäufer, halten die Wirtschaft am Laufen. Was würden die klügsten Wissenschaftler und Forscher erreichen, wenn anschließend keiner die Erfindungen verkaufen würde. Die hochwertigsten Maschinen in den Unternehmen würden sehr bald still stehen, wenn das Produkt keiner kauft. Nicht das Geld, sondern der Verkauf regiert die Welt, denn ohne diesen würde auch das Geld keine Bedeutung mehr haben.

Natürlich spielt Geld eine große Rolle. Wer es hat, will es behalten oder allenfalls für Dinge ausgeben, denen er oder sie einen entsprechenden Wert zugesteht. Wer es will, muss einiges dafür leisten. Denn Kunden sind nicht bereit, tatsächlich für alles (viel) Geld auszugeben. Wir sprechen hier nicht von den notwendigen Alltagsgegenständen oder Waren, die wir zum täglichen Leben benötigen, sondern über Produkte oder Objekte, die wir nicht unbedingt brauchen, in die wir jedoch bereit sind, durchaus etwas mehr Geld zu investieren.

Eines ist offensichtlich: Trotz schwankender wirtschaftlicher Prognosen konsumieren Kunden – zumindest in einigen Bereichen – unbeeindruckt. Ja, sie investieren sogar in hohem Ausmaß. Um das Ersparte nicht von einer möglichen Inflation wegfressen zu lassen, stecken sie es in langlebige und wertvolle Güter. Die Zuwächse fangen bei der energetischen Sanierung von Gebäuden an und gehen über verschiedene Branchen bis hin zum Kauf von hochwertigen Betten. Gerade im persönlichen Wohlfühl- und Gesundheitsbereich können Unternehmen ein sattes Plus verzeichnen. So gesehen, haben Verkäufer in vielen Branchen hohe Chancen auf ein Umsatzwachstum, wenn sie gut verkaufen können.

Kunden in der (R)Evolution

Kunden sind heute mündig, ja mehr noch, sie sind aufgehetzt, abgerichtet und wissen: „Ich muss handeln!“, sonst zieht mich der Verkäufer vielleicht doch „über den Tisch“. Wo Kunden sich in den letzten Jahrzehnten enorm entwickelt haben, hängt der Verkäufer hinterher.

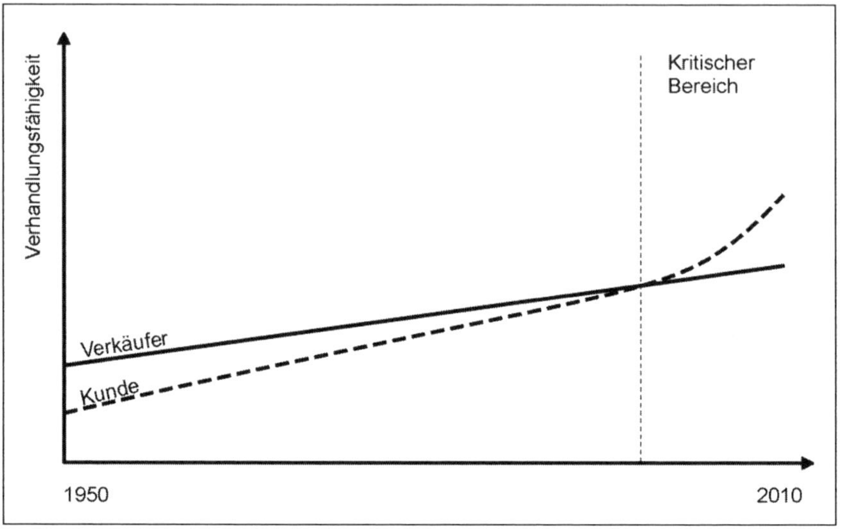

Abbildung 1: Entwicklungsprozess Verkäufer – Kunde; Quelle: IPT® Innovatives Personaltraining

Verkäufer sind oftmals nicht in der Lage, immer wieder neue Strategien zu entwickeln. Sie machen weiter, wie und was sie bislang getan haben. Die Spielbereitschaft ist gering. Etwas Neues auszuprobieren kommt nur den wenigsten Verkäufern in den Sinn. Um Ausreden allerdings sind sie nur selten verlegen: „Ich habe einfach nicht das richtige Produkt im Angebot!" oder „In der Branche ist momentan sowieso nichts zu holen!" bremsen die Evolution des Verkäufers, so wie es zu Beginn unserer Entwicklungsgeschichte die Eiszeit getan hat. Dabei lernt die Natur aus Fehlern, passt sich anderen Gegebenheiten an und kann so überleben. Nur wie ist es um Sie als Verkäufer bestellt?

Der bleiben, der ich war, und mich doch verändern?

Im Verkauf wird viel von Authentizität gesprochen. Verkäufer sollen keine 08/15-Regeln oder auswendig gelernte Gesprächsleitfäden verwenden. Dabei heißt Authentizität nicht, einfach nur der zu bleiben, der man immer schon war. Gerade in der Authentizität ist ein Entwicklungsprozess, eine Evolution möglich. Verkäufer müssen jetzt ihren Willen und dann ihren Verstand nehmen und sich endlich ebenso weiterentwickeln wie der Kunde. Dabei ist es entscheidend, dem Kunden zumindest auf der Spur zu bleiben. Noch besser wäre es allerdings, wenn Sie schon voraussehen könnten, was kommt.

Verkaufen ist kein Streichelzoo

Machen wir uns nichts vor: „Handzahmer“ werden Kunden nicht mehr! Ganz im Gegenteil: Sie werden sicher noch ein Stück konsequenter in ihrer Handlungsweise, vielleicht auch „brutaler“, wenn es um die eigenen Wünsche, Bedürfnisse und Vorteile geht, die Sie als Verkäufer erfüllen sollen.

Die Ausgangslage

Verkäufer wissen theoretisch alles, haben schon unzählige Schulungen absolviert, kennen alle Kommunikationsmodelle, beherrschen viele Verkaufstechniken und doch sind sie im Umgang mit dem Kunden unsicher. Im Zuge der Mündigwerdung des Käufers muss sich nun auch endlich der Verkäufer weiter entwickeln. Doch stattdessen nutzt er die veralteten Kommunikationsschemen und hofft, dass sich alles bald wieder zum Guten wendet.

Längst reicht es nicht mehr aus, nur zu wissen und zu glauben, will der Verkäufer bestehen und zu allen Zeiten mehr Umsatz erzielen, muss er ...

- vom Wissenden zum *Handelnden* werden
- erkennen, dass er *trainieren* muss – und das nicht erst beim Kunden
- vor allem *konditionell* stark werden
- bereit sein, *neue Wege* zu gehen
- enorm *flexibel* auf die sich schnell verändernden Anforderungen des Marktes und des jeweiligen Kunden eingehen
- mehr *Wille*, mehr *Fleiß* und mehr *Mut* beweisen!

Doch wann ist der Leidensdruck groß genug?

Die Uniformität im Verkauf ist verblüffend: Die überwiegende Mehrheit der Verkäufer geht seit Jahrzehnten gleich vor. Der Verkäufer, natürlich in Uniform mit Anzug und Krawatte, begrüßt den Kunden offen und liebenswürdig. Gekonnt schafft er mit einem unterhaltsamen Small Talk eine freundliche Atmosphäre. Erst dann kommt er im Verkaufsgespräch zur Sache. Kann er die Wünsche des Kunden, die er natürlich vorher mit gekonnten Fragen herausgefunden hat, erfüllen, kommt es zum (Ver)Kauf. Nach einem erfolgreichen Abschluss verabschieden sich gute Verkäufer mit einer Terminvereinbarung zum nächsten Treffen. Viele Verkäufer verpassen sogar diese Chance und belassen es bei einem unverbindlichen „Man sieht sich bald wieder!" Einkäufer in großen Unternehmen haben es mit fünf, acht Verkäufern am Tag zu tun. Wenn der Verkäufer da nicht etwas Herausragendes bieten kann, wird er schnell austauschbar und in der Masse der Anderen untergehen.

Ein kurzer Blick zurück!

Reißerische Werbebotschaften haben Kunden abgerichtet und sozusagen scharf gemacht. In einer solchen aufgeheizten Stimmung, die sich zum Trend entwickelt hat, ist den Kunden längst bewusst, was der Verkäufer immer noch nicht so ganz wahr haben will: Ich kann, ich darf, ich muss – verhandeln!

Ich kann, ich darf, ich muss – verkaufen!

Nun liegt es alleine an Ihnen, ebenfalls das zu tun, was Ihre Aufgabe ist:

... NUR DU VERKAUFST!

Was aber tun die meisten Verkäufer, ob im B-to-B oder B-to-C: Immer noch mit Floskeln ansetzen und wenn der Kunde nicht gleich kaufen will, dann berate ich ihn einfach nur – schließlich ist Kundenfreundlichkeit und Service doch oberstes Gebot! Manchmal würde man sich doch genau zu diesem Zeitpunkt einen Meteoriteneinschlag wünschen. Nur damit der Verkäufer aufwacht, damit er merkt, dass er nicht der Diener des Kunden ist.

Move your ass!

Fürchten Sie sich als Verkäufer nicht vor der Veränderung, sondern vor dem Stillstand. Denn er wirft sie zurück. Verkäufer und Unternehmer, die zu jeder Zeit gemeinsam an einem Strang ziehen, begreifen ihre Situation als das, was sie in Wirklichkeit ist: Bewegung! Und was sie in Zukunft sein wird: Realität! Der Mangelzustand der erfolgreichen Akquise ist für den aktiven Verkäufer sehr produktiv und es gibt nur eine einzige Überlebensstrategie: Statt kaufen zu lassen, selbst aktiv zu verkaufen! Wie lange wollen Sie noch warten?

1. Der Kunde will doch nur spielen ...

Auch wenn es dem Verkäufer oft so vorkommt: Der Kunde von heute ist nicht schlechter oder gemeiner als der Kunde früher. Er ist nur anders! Der Kunde von heute ist informierter, verhandlungsstärker, mutiger, cleverer und er demonstriert dies auch. Er zeigt dem Verkäufer „Es geht!" und fordert ihn damit mehr denn je heraus. Genauso direkt wie Kunden heute vorgehen, wollen diese auch Verkäufer, die Lösungen kennen und Sicherheiten bieten. Verkäufer, die vorsichtig „um den heißen Brei" herumreden, zögerlich etwas anbieten und unsicher nachfragen, die dem König Kunden dienen wollen, kommen mit diesen Entwicklungen nicht zurecht. Ihnen kommt der moderne Kunde wie ein Feind vor, der – einer Spinne gleich – in ihrem Netz sitzt und dieses immer fester um die Beute (Ware) zieht, damit aber zugleich auch dem Verkäufer die Luft zum Atmen nimmt.

1.1 Die Evolution des Kunden

War es früher weniger chic, ja zum Großteil sogar verpönt, zu verhandeln, gehört es heute zum guten Ton! Wollten die Kunden früher demonstrieren: „Ich habe es doch nicht nötig zu verhandeln und allemal genug Geld, um den geforderten Preis zu bezahlen", macht den Menschen quer durch alle Bevölkerungsschichten Verhandeln heute Spaß. Es ist eine Art Wettkampf daraus geworden, aus dem logischerweise jeder als Sieger hervorgehen will. Hier zählt nicht der olympische Gedanke – einzig und alleine der erste Platz ist interessant!

Schon immer hat sich auf der Erde das Leben weiterentwickelt. Stufe um Stufe haben Pflanzen und Tiere die Leiter der Evolution erklommen. Viele haben immer wieder Katastrophen überlebt, manche sind an natürlichen Herausforderungen – wenn zum Teil auch zwangsweise – gewachsen und andere haben diesen Kampf verloren, sind für immer von der Erde verschwunden, sind ausgestorben. Eine vergleichbare Evolution können wir auch im Verkauf verfolgen: Kunden haben sich immer wieder wechselnden Bedingungen angepasst, haben es gerade in den letzten Jahrzehnten hervorragend verstanden, die Herausforderung Verkäufer zu meistern und daran zu wachsen. Kunden trafen, Stufe für Stufe, auf neue Widerstände, im Zweifelsfall vom Verkäufer dargelegt, haben Probleme gemeistert und Konflikte ausgestanden. Sie haben es verstanden, sich wertvollen Raum zu erobern, nutzvolles Wissen zu erkennen und weiterzuentwickeln – bis Sie zu dem wurden, was sie heute sind: Selbstbewusste Kunden, die genau wissen, was sie wollen (oder nicht), und die genau das auch einfordern.

Des Kunden kleiner EGO-Faktor

Viele Kunden verhandeln heute einfach nur des Verhandelns willen. Der Stolz, hier oder da ein paar Prozent mehr herausgeschlagen, dieses oder jenes günstiger als der Nachbar gekauft zu haben, will befriedigt werden. Aus einer grundsätzlichen Verhandlungsbereitschaft, gewachsen zum einen durch Auslandsbesuche in Gegenden, in denen Verhandeln einfach dazu gehört, zum anderen aber auch durch Berichterstattungen in den Medien, ist ein regelrechter Verhandlungssport geworden. Immer öfter testen Kunden, wie weit sie tatsächlich gehen können. Wie leistungsstark ist mein Gegenüber wohl? Dabei braucht auch der Kunde im B-to-C den Mut, überhaupt nach einem Nachlass zu fragen beziehungsweise in eine Verhandlung einzusteigen. Nicht alle sind dazu schon bereit. Anders ist es im B-to-B: Längst messen hier Verkäufer und Kunde immer wieder ihre Leistungsfähigkeit und merken gar nicht, dass Sie dadurch nur gegenseitig Druck aufeinander aufbauen beziehungsweise diesen verstärken.

Gegenseitiger Druck im B-to-B

Der Leistungsdruck in diesem Bereich ist vergleichsweise hoch, aber nicht nur für den Verkäufer, sondern auch für sein Gegenüber – den Einkäufer. Beide verhandeln nicht nur um den Preis, sondern um eine Daseinsberechtigung zu erhalten! Der Einkäufer muss verhandeln, schließlich muss er seinem Chef beweisen, dass dieser beziehungsweise das Unternehmen ihn brauchen. Umgekehrt ist es aber genauso: Daseinsberechtigung des Verkäufers ist das Verkaufen! Auch, wenn sich beide Seiten oft über dieses Vorgehen aufregen, ist es doch von beiden Seiten ein gewollter Prozess. Verhandeln an sich ist ja nichts Schlimmes! Schlimm ist nur die Angst des Verkäufers (und auch des Einkäufers), hierbei zu versagen. Schlecht verhandeln bedeutet nicht, grundsätzlich als Verkäufer schlecht zu sein – es bedeutet nur, dass man sich vielleicht nur nicht entsprechend gut vorbereitet hat. Wer Eventualitäten im Vorfeld ausschließen kann, wird besser verhandeln. Die Devise lautet also: Mehr Training, bessere Verhandlungsbasis, leichtere Möglichkeit, als Sieger aus diesem Wettkampf hervorzugehen.

Verhandlungsstarke Kunden sind treue Kunden

Kunden wissen längst, dass Verhandeln sich lohnt, dass Verhandeln sich in barer Münze auszahlt. Diese Erfahrung haben sie schon oft gemacht und daraus die Erkenntnis gewonnen, „etwas geht immer“. Auch wenn Verkäufer dies vielleicht nicht immer wollen oder den Wettkampfcharakter positiv empfinden, sollten sie einen wichtigen Aspekt in diesem Zusammenhang niemals vergessen: Verhandlungsstarke Kunden sind meistens auch treue Kunden. Warum ist das so? Stellen Sie sich folgende Situation vor: Sie zeigen einem Kunden ein Produkt, nennen den Preis und der stimmt sofort allem zu. Ohne Wenn und Aber akzeptiert er ihre Bedingungen. Kommt nicht so oft vor, oder? Aber wäre das wirklich schön für Sie? Vielleicht ja! Vielleicht ist es aber für den nächsten Verkäufer ebenso schön, denn von diesem kauft Ihr Kunde auch einfach das, was dieser ihm anbietet. Wenn Sie diesem Kunden also leicht etwas verkaufen können, lässt er sich auch von anderen Verkäufern leicht etwas verkaufen. Das heißt: Lassen Sie Ihrem Kunden doch den Spaß zu verhandeln, messen Sie sich sportlich mit ihm und Sie werden merken, dass am Ende alle glücklich und zufrieden sind.

1.2 In welcher Liga spielt ihr Kunde?

Aus dem Fußball oder anderen Ball- und Mannschaftssportarten ist uns der Begriff der Liga bestens vertraut. Da wird gezittert, wer in die nächst höhere oder niedrige Liga auf- oder gar absteigt. Im Verlauf will auch der Kunde immer wieder sehen, in welcher Liga er spielt. Er testet, wie stark er verhandlungstechnisch ist und ob er den Klassenerhalt schafft. Immer wieder lobt er aus, ob er sein Wissen, das er sich im Vorfeld erworben hat, beim Spiel beziehungsweise Verkäufer auch anbringen kann. Manchmal wollen Kunden auch testen, wie viel Wissen eigentlich der Verkäufer hat. Sie horchen diesen regelrecht aus, um Wissen zu generieren, das sie schon beim nächsten Anbieter wieder verwenden können.

Warum weiß der Kunde manchmal mehr als der Verkäufer?

Verkäufern kommt es manchmal so vor, als ob der Kunde enorm viel (mehr) weiß (als noch vor einigen Jahren). Das mag auch so sein, hat dieser inzwischen doch ganz andere und zum Großteil kürzere Wege, sich Wissen anzueignen. Dieses steht über das Internet jedem jederzeit in ausreichender Menge zur Verfügung. War der Kunde früher froh, wenn ihn der Verkäufer besuchte, um ihm die neuesten Produkte zu zeigen, die aktuellsten Verfahren zu demonstrieren, kennt er das alles, meist schon lange vor dem persönlichen Gespräch, durch Newsletter oder andere moderne Informationssysteme. Bevor Sie als Verkäufer nun aber noch mehr erschrecken, möchte ich eines klar stellen: Die meisten Kunden haben natürlich mehr Wissen was die Produkt- oder Dienstleistungs-Technik anbelangt, nicht aber in der Verkaufstechnik. Dies ist gerade im B-to-C stark zu erkennen. Im B-to-B gleicht sich der Wissensstand im fachlichen und kommunikativen Bereich eher an. In beiden Fällen aber entsteht dadurch eine große Chance für den Verkäufer, nicht auf der WAS-, sondern vor allem auf der WIE-Ebene aktiv zu werden.

Die WAS-Faktoren im Kundengespräch

Viele Kunden bereiten sich auf eine anstehende Verhandlung bestens vor. Schon lange vor dem Verkaufsgespräch sammeln sie fleißig und ehrgeizig alles, was ihnen in Bezug zum Thema wichtig erscheint. Fachartikel aus Zeitschriften, Kataloge von Wettbewerbern, Preisübersichten und Testurteile – die Wissensgewinnung im WAS-Bereich steht für Kunden an erster Stelle: Sie recherchieren im Internet, gehen auf Messen, lesen Berichte und vergleichen Ergebnisse. Manchmal führen sie auch Gespräche mit Anderen, die diese Produkte oder Dienstleistungen schon im Einsatz haben. Sie führen vielleicht sogar Verhandlungen, nur um ihr Wissen in bestimmten Bereichen zu erweitern, ohne dass sie zum Verhandlungszeitpunkt eine konkrete Kaufabsicht haben. Aber alles, was sie tun, zielt aus Kundensicht immer nur auf die WAS-Ebene ab.

Kunden sind meistens auch nur WAS-Kommunikateure! Sie sprechen über Zahlen, Daten und Fakten und das ist – zumindest aus Kundensicht – auch genau die richtige Strategie. Denn nur auf dieser Ebene hat der Kunde die Möglichkeit, Angebote genau zu vergleichen. Da die meisten Verkäufer von ihren Unternehmen auf genau dieser WAS-Ebene geschult werden, kommt es ihnen natürlich gerade recht. Sie folgen dem Kunden gerne auf die WAS-Ebene und praktizieren den so genannten Nachlaufeffekt. Was nun passiert, kennen Sie sicher alle aus eigener Erfahrung. Es kommt, was kommen muss: Kunden versuchen, mit ihrem mühsam erworbenen Wissen regelrecht zu brillieren. Und der Verkäufer kann hier – gerade von der aktuellsten Produktschulung zurück – natürlich bestens mithalten. Und der Gockeleffekt kommt zum Tragen!

Der Gockel-Effekt

Wenn zwei Gockel auf dem Misthaufen sitzen, ist bekanntlich einer zu viel. Ich hoffe, Sie verzeihen mir die Parallele, aber derartige Machtkämpfe im Verkauf erlebe ich immer wieder und nicht gerade selten, wenn ich mit

Verkäufern aus den unterschiedlichsten Branchen bei Kundenterminen vor Ort bin. Und obwohl Verkäufer jahrzehntelang darauf trainiert wurden, in Verhandlungen stets auf eine positive Grundstimmung zu achten, können Sie nicht anders, als sich auf derartige Machtspiele einzulassen. Urinstinkte werden wach. Die Angst des Kunden vom Thron, und die des Verkäufers, vom Hof vertrieben zu werden, ist groß. Und so plustern Kunde und Verkäufer ihr Gefieder immer ein wenig weiter auf und krähen immer ein wenig lauter. Der eine „schupst" den anderen mal etwas vom Misthaufen hinunter, schafft es aber nicht ganz, so dass dieser immer wieder mit neuen Fakten auftrumpft, um den Hügel ein weiteres Mal zu erklimmen. Am Ende gibt es immer zwei Möglichkeiten: Entweder einer räumt freiwillig das Feld, meist ist das der Verkäufer, der nicht fähig ist, den Kreislauf zu durchbrechen und lieber aufgibt, als die Beziehung vermeintlich völlig zu zerstören. Oder beide sitzen irgendwann völlig erschöpft nebeneinander und sind ebenfalls nicht mehr fähig, eine gute Entscheidung zu treffen.

Die WIE-Faktoren im Kundengespräch

Für Kunden und Verkäufer ist es sicherlich gleichermaßen schwer, den Gockelstandpunkt zu verlassen und sich nicht länger anhand vergleichbarer WAS-Faktoren zu messen. Allerdings ist es an dieser Stelle klare Aufgabe des Verkäufers und es liegt in seinem Verantwortungsbereich, die Situation schnell zu erkennen und genau das zu tun. Lassen Sie Ihrem Kunden doch den Platz auf dem Misthaufen, lassen Sie ihm die Freude, vieles zu wissen. Schließlich ist es für Sie ja auch hilfreich, wenn Sie nicht bei Adam und Eva anfangen müssen, sondern auf einem guten Wissensstand aufbauen können. Schätzen Sie das, was Ihr Kunde in Erfahrung gebracht hat, hoch ein: „Perfekt, dass Sie sich schon so intensiv mit der Materie auseinandergesetzt haben. Dadurch können wir viel schneller auf den Punkt kommen und wir brauchen weniger unserer kostbaren Zeit." Starten Sie jetzt als Verkäufer lieber mit den WIE-Faktoren durch. Nutzen Sie Ihre Persönlichkeit, Ihre Kommunikationsfähigkeit, das Verhandlungsgeschick, Ihre verkäuferischen Fähigkeiten. Darin müssen Sie sich nicht oder zumindest nicht so stark messen. Polieren Sie Ihr Image auf, stärken Sie Ihr Selbstbewusstsein und zeigen Sie Ihrem Kunden, dass es sich für ihn lohnt, einen starken Partner an seiner Seite zu haben.

Warum traut sich der Kunde Dinge zu sagen, die sich der Verkäufer nicht traut?

Ich erlebe Verkäufer immer wieder erstaunt, weil Kunden oft Dinge einfach ansprechen. Im Gegensatz zu Verkäufern, die immer bemüht sind, ja nichts Falsches zu sagen, das die Stimmung trüben könnte, dem Kunden lieber „nach dem Maul reden", sagen Kunden meistens frei von der Leber weg, was sie denken: „Keine Zeit!" oder „Zu teuer!" sind klare Aussagen an den Verkäufer, den diese jedoch enorm verunsichern können. Aber warum ist das so? Der Kunde hat ja eigentlich nichts zu verlieren. Und wenn es bei diesem Verkäufer nicht funktioniert, wird er schon einen finden, der genau das mit sich machen lässt. Vielleicht denkt er: Einen der Verkäufer werde ich schon klein bekommen. Und wenn alle Stricke reißen, werde ich den Kauf eben noch einige Zeit zurückstellen. Kunden glauben zu wissen, dass Sie in der besseren Verhandlungsposition sind. Allerdings müssen Einkäufer im B-to-B ihre getätigten Käufe dann auch noch im Unternehmen vertreten – bei ihrem Chef, bei denen, die im Nachgang mit den gekauften Artikeln arbeiten müssen. Doch genau hier können Probleme in der Verarbeitung auftreten, die der Einkäufer mit zu verantworten hat. Hier können sich dann die Ergebnisse einer schlechten Verhandlung aus einem schlechten Kauf sehr schnell zeigen. Es kann aber auch sein, dass der Kunde/Einkäufer sich seiner Sache sicherer ist als der Verkäufer und er sich seine Angst vor einem Fehleinkauf gar nicht anmerken lässt.

Der Mut des Kunden

Leider denken immer noch zu viele Verkäufer, dass es der Kunde wesentlich einfacher hat als der Verkäufer, denn er hat ja die Möglichkeit, bei vielen Verkäufern anzufragen. Allerdings hat der Verkäufer auch die Möglichkeit, sein Produkt bei vielen Interessenten anzubieten. Doch dazu müsste ja der aktive Part des Verkäufers kommen. Oft wird im Kaufprozess allerdings nur der Interessent aktiv und fragt beim Verkäufer an. Doch wo ist in vielen Fällen die Aktivität des Verkäufers, der beim Kunden eine Anfrage startet und den aktuellen Bedarf eruiert? Hat der Verkäufer vielleicht Angst davor?

Dass der Kunde dem Verkäufer sagt, dass seine Ware oder Dienstleistung zu teuer ist oder andere Dinge ihm nicht gefallen, hängt einzig und alleine vom Mut ab, den der Kunde hat. Doch haben Sie als Verkäufer sicher auch schon bemerkt, dass nicht jeder Kunde mit dem gleichen Verhandlungsgeschick gesegnet ist. Das heißt, bei einem Kunden können Sie höhere Margen durchsetzen als bei Anderen. Oder liegt es vielleicht daran, dass Sie bei den Kunden, bei denen Sie mehr verdienen, einfach mehr Mut haben und konstanter und konsequenter in Ihren Verhandlungen vorgehen? Hierzu ein Beispiel, das sicher die meisten Verkäufer schon einmal erlebt haben:

Fall 1:

Der Monat neigt sich dem Ende entgegen und Sie haben Ihr Monatssoll noch nicht erreicht. In den weiteren Verhandlungen, die Sie in der letzten Woche des Monats noch zu führen haben, wird sich bei Ihnen eine gewisse Vorsicht und Angst im Umgang mit Ihren Kunden einstellen. Denn es muss für Sie, im wahrsten Sinne des Wortes, noch was gehen. Gerade diese Vorsicht wird Ihr Kunde erkennen und deutlich anders mit Ihnen in der Verhandlung umgehen.

Fall 2:

Der Monat neigt sich dem Ende entgegen und in der letzten Woche haben Sie bereits Ihr Auftragssoll für diesen Monat erfüllt. Sie überlegen sich schon, ob Sie nicht die noch folgenden Aufträge in den nächsten Monat schieben. Und plötzlich merken Sie, wie sich in Ihren Verkaufsgesprächen eine gewisse Leichtigkeit breit macht. Sie steigen anders in Ihre Verhandlungen ein, weil Sie freier denken und entsprechend handeln: Da geht noch was in diesem Monat! Sie wirken plötzlich gelassen und souverän – als könnte Ihnen niemand etwas anhaben. Und ebenso läuft auch das Gespräch mit Ihrem Kunden ab.

Bei aller Leichtigkeit sollten Sie nicht vergessen, dass es zwischen einer gewissen Lässigkeit und einem überheblichen Auftreten noch einen Unterschied gibt – also immer schön auf dem Teppich bleiben! Denn es wird auch wieder der Tag kommen, an dem es gerade bei diesem Kunden anders aussieht. Es ist alles eine Frage der inneren Einstellung! Wie sich diese auf Ihr Selbstbewusstsein und damit der Quelle für ein mutiges Vorgehen auswirkt, können Sie mit folgender Übung trainieren:

... NUR DU VERKAUFST!

Wann haben Sie zum letzen Mal „prominent" gespielt?

Probieren Sie bei Ihrem nächsten Stadtbummel einmal Folgendes aus: Sie gehen durch die Stadt und tragen das Gefühl in sich, dass Sie sehr prominent sind. Sie stellen sich innerlich vor, dass die meisten Menschen, die Ihnen jetzt begegnen, Sie kennen. Sie werden feststellen, dass die Menschen Sie ganz anders wahrnehmen und plötzlich haben Sie auch das Gefühl, dass Sie wesentlich mehr Leute anschauen. Sie laufen und bewegen sich anders. Sie haben plötzlich viel mehr Mut, Dinge zu tun, die Sie sonst nicht machen würden. Das führt automatisch zu einem viel höheren Selbstbewusstsein. An einem anderen Tag haben Sie vielleicht einen Auftrag verloren und Sie fühlen sich nicht gut, weil Sie wissen, es stehen heute noch zwei wichtige Verhandlungen an. Was denken Sie, wenn Sie jetzt diesen Stadtbummel machen – wie werden Sie wahrgenommen?

Übrigens: Das ist genau das, was Kunden machen. Sie haben – zumindest Ihnen als Verkäufer gegenüber – ein hohes Selbstvertrauen. Sie fühlen sich – zumindest Ihnen als Verkäufer gegenüber – prominent. Und in diesen Status haben sie letztendlich in den vergangenen Jahren und Jahrzehnten gerade die Verkäufer versetzt.

Es stimmt: Vielleicht haben Kunden einfach mehr Mut, Dinge anzusprechen. Vielleicht trauen sich Kunden mehr. Vielleicht denken Kunden nicht so bewusst über ihre Aussagen nach. Vielleicht sind ihnen manche Dinge eher egal als dem Verkäufer. Vielleicht sehen sie sich aber auch nur in einer besseren Verhandlungsposition.

Vielleicht denken Sie als Verkäufer einfach mal darüber nach und vergessen dabei nicht, dass der Kunde jahrelang zu uns kam und etwas von uns wollte. Jetzt ist es an der Zeit, dass wir „Verkäufer“ losziehen und uns die Kunden holen. Im Idealfall die, die wir wollen und die, die wir uns durch harte Verkaufsarbeit erwirtschaften – ich vermeide an dieser Stelle ganz bewusst das Wort verdienen!

1.3 Systematiken erkennen – der Markt und seine Chancen

Viele Verkäufer denken zu wissen, wie der Markt tickt, merken allerdings oft erst beim Kunden oder in Gesprächen mit mir, dass Vieles ganz anders aussieht. Leider ist der Fokus vieler Verkäufer auf ganz bestimmte Schemen und Prozesse fokussiert, die nur wenig Spielraum geben, mal nach links oder rechts zu schauen. Man ist ja schließlich mit dem, was man über Jahre hinweg gemacht hat, auch irgendwie durch- und dorthin gekommen, wo man heute steht. Viele Verkäufer denken: „Das wird auch noch in den nächsten Jahren so weitergehen.“ Sie erkennen immer noch nicht, dass sich der Kunde ständig weiterentwickelt – ich bezeichne dies immer gerne als den Scheuklappeneffekt. Hier einen Veränderungsprozess einzuleiten, ist aber auch nur dann möglich, wenn man als Verkäufer bereit ist, neue Wege zu gehen und neue Impulse aufzunehmen.

Natürlich kennen sich Verkäufer auf der WAS-Seite in ihrem Markt aus. Sie kennen die Konkurrenz, Sie kennen die Produktpalette der Konkurrenz, Sie kennen sogar die Namen der Verkäufer der Konkurrenz und deren Verkaufsgebiete und bemerken manchmal sogar, dass diese größere Autos fahren als Sie selber. Leider erkennen die Verkäufer an dieser Stelle nur die Systematiken, die Sie auch erkennen wollen.

Chancen- oder Problem-Bewusstsein?

Verkäufer neigen dazu, eher ein Problem-Bewusstsein zu entwickeln. Sie fokussieren bei Verkaufsgesprächen eher auf ein Problem, anstatt sich einer Lösung zuzuwenden. Im Dialog mit Kunden warten sie zum Beispiel eher auf kritische Aussagen des Kunden zu Preis- oder Leistungsbereichen. Kommen diese dann im Gespräch tatsächlich auf den Tisch, beginnt beim Verkäufer die Systematik der negativen Spirale: Er denkt also lieber über die Dinge im systemischen Prozess nach, die fehlschlagen könnten. Treten diese dann so ein, fühlt er sich auch noch bestätigt. Nur wenige Verkäufer haben dann den Mut, sich auf den Prozess an sich einzustellen und geeignete Maßnahmen zu ergreifen, um wirklich wirksame Veränderungen herbeizuführen. Gefangen in einer solchen Problemtrance empfinden Verkäufer das eigene Verhalten als nicht selbst gesteuert. Ihr Atem ist flach, der Bewegungsablauf unkoordiniert und oft wird auch die Zeit verzerrt wahrgenommen. Man sitzt beim Kunden vermeintlich auf dem „heißen Stuhl“ und hat das Gefühl, dort nicht mehr (heil) herauszukommen.

Eine Chance könnte tatsächlich sein, sich als Verkäufer mit den Systematiken des Marktes, des eigenen Denkens und letztendlich des Kunden zu beschäftigen. Um sich aber intensiv mit diesen auseinandersetzen zu können, müsste er sie erst einmal erkennen. Weiterhin merke ich bei den meisten Verkäufern, dass diese vor lauter Verkaufsdruck gar keine Zeit dafür haben. Hier sind besonders der Wille und die mentale Stärke des Verkäufers gefragt. Und dann schadet es natürlich nicht, wenn ein Verkäufer auch über die Fähigkeit verfügt, sich Unterstützung und notwendige Mittel vom Unternehmen oder von externer Seite zu holen, wenn er erkennt, dass er alleine nicht zum Erfolg finden kann.

Verhaltensmuster bei Kunden – Vor- oder Nachteil für Verkäufer?

Natürlich gibt es in der Theorie viele Erkenntnisse, die es zulassen, Kunden zu klassifizieren. In der Praxis habe ich jedoch festgestellt, dass nur wenige Verkäufer sich damit schon einmal intensiv beschäftigt haben. Im Übrigen bin ich der Meinung, dass diese theoretischen Themen sich auf Zertifikaten wirklich gut machen und auch im Büro des Verkäufers viel Eindruck bei Kollegen schinden, in der täglichen Verkaufspraxis aber eher wenig hilfreich sind. Viel zu viel läuft dafür bei einem Verkaufsgespräch ab. Ein Verkäufer ist kein studierter Psychologe oder Analytiker. Ein Verkäufer braucht einfache Hilfsmittel, die ihm schnelle Erfolgserlebnisse bringen. Davon leben Verkäufer – nicht von hoch komplexen und nur schwer erlernbaren, weil auf mehreren Ebenen statt findenden, Prozessen, die sie im Verkaufsgespräch nicht umsetzen können. Als Psychologen solche Techniken entwickelt haben, konnten sie sich nur darauf konzentrieren und mussten nicht noch auf viele andere Dinge achten. Sie befanden sich in einem geschützten Bereich. Verkäufer und Kunden hingegen sind in der freien Wildbahn – da zählt oftmals nur das Überleben!

Typologie der Kunden – ein Versuch

Kunden in eine Typologie einzuordnen ist nicht nur für Verkäufer sehr schwierig. Natürlich gibt es den eher dominanten Kunden, den gewissenhaften Kunden, den initiativen Kunden und den Kunden, der lange Zeit erst einmal beobachtet, bevor er endlich, wenn auch immer noch zögerlich kauft. Weniger ist manchmal mehr! Vielleicht gibt es im Großen und Ganzen ja nur zwei Kundentypen: Den KAUF-Willigen und den NEIN-Sager. Aber auch diese beiden können je nach Angebot ihre Rollen tauschen. Vielleicht können wir uns darauf einigen, dass wir uns hier nicht einigen können und müssen. Wir fordern zwar, dass der Verkäufer sich schnell auf jeden Kundentypen einstellen muss, lassen ihm auf der anderen Seite aber nicht ausreichend Zeit, zu beobachten und zu analysieren. Dies sind jedoch notwendige Schritte, um eine Einordnung vornehmen zu können. Stellt sich die Frage, wie wichtig es überhaupt ist, die Dinge genauestens zu erkennen? Steigen wir damit bei Kundenbegegnungen nicht in irgendeiner Form immer in ein Nachlaufsystem ein, reagieren also eher auf die Vorgaben des Kunden?

Warum ist der Verkäufer nicht in der Lage, sich selbst zu einem eigenen Typ zu entwickeln, dem der Kunde folgen muss? Der Vorteil für den Verkäufer liegt auf der Hand: Er muss beziehungsweise darf sich nur noch mit sich selbst beschäftigen und kann den Kunden dazu bewegen, seinem System zu folgen. Das ist ein sehr viel einfacheres Verkaufen als zu versuchen, in seinem Gegenüber einen bestimmten Typus zu erkennen und dann dem Kunden mit einer entsprechenden Verkaufspsychologie und typgerechten Überzeugungsmitteln „hinterherzurennen". Das Problem liegt in der Komplexität. Will ich Menschen typgerecht „einfangen", muss ich nicht nur unterschiedliche Kundentypen erkennen, ich muss auch die typgerechten Verkaufstrategien kennen und im Verkaufsgespräch anwenden können. Das aber genau ist in der Praxis oft nicht möglich.

Prognosen von Kollegen

Ein anderer, sehr verbreiteter Weg, Kunden richtig einzuschätzen, sind Prognosen von Kollegen. Begegnen Verkäufer einem Kunden zum ersten Mal, verlassen sie sich in vielen Fällen auch auf die Aussagen von Kollegen im Innendienst, die schon des Öfteren mit dem Kunden gesprochen haben. Oder auf die Meinung des Vorgängers oder Chefs, die den Kunden ja (angeblich) schon viele Jahre kennen. Wenn Sie sich auf Prognosen verlassen, sind es wunderlicherweise immer die schlechten. Bei diesem Kunden hat noch keiner von uns etwas verkauft, da hat es Ihr Vorgänger auch schon öfters probiert ... nicht einmal unserem Chef ist es auf der Messe gelungen ... und außerdem kauft der schon seit vielen Jahren bei der Konkurrenz – steht hier im Bericht des Vorgängers! Prognosen von Kollegen sind also mit besonderer Vorsicht zu verwenden. Manchmal ist es besser, gar nichts über einen Kunden zu wissen. Negative Vorabinformationen von Kollegen haben selten den Verkaufserfolg erhöht. Im Gegenteil: Fast immer führen sie zu einer negativen Konditionierung des eigenen Handels und wirken dann wie eine selbsterfüllende Prophezeiung.

1.4 Warum der Kunde nicht länger beraten werden darf!

Lange Zeit hieß es im Verkauf immer: beraten, beraten, beraten! Das waren allerdings auch noch die Zeiten, in denen der Verkäufer alle verfügbaren Informationen zu allen Produkten im Gepäck hatte und das Gespräch in erster Linie dazu diente, dem Kunden erst einmal alles zu zeigen, ausführlich zu erklären und ihm dann viel Zeit für eine Entscheidung zu lassen. Heute sollte die Informationsleidenschaft des Verkäufers auf ein notwendiges Minimum beziehungsweise stichpunktartig auf das Interesse des Kunden beschränkt werden.

Beraten heißt alleine lassen, verkaufen heißt gemeinsam gehen

Stellen Sie sich eine junge Frau vor, die ein Auto kaufen will. Nachdem Sie sich für eine Marke entschieden hat, geht sie dreimal ins Autohaus und ist sich auch nach dem vierten Besuch noch nicht sicher, welche Ausführung, welche Farbe sie wählen soll. Bis der Verkäufer sie zur Seite nimmt und zu ihr sagt: „So, heute machen wir den Vertrag aber fest, damit Sie sich auch baldmöglichst über Ihr neues Auto freuen können!" Die junge Frau sagt hinterher zu ihm: „Danke, dass Sie mir geholfen haben, jetzt endlich eine Entscheidung zu treffen! Ansonsten hätte ich Ihnen wahrscheinlich noch viele weitere Besuche abgestattet und es wäre auch nicht besser geworden! Ich hatte ja schon längst alle Informationen, die ich brauchte."

Warum bieten Verkäufer ihren Kunden keine Entscheidungshilfen an? Warum lassen Verkäufer ihre Kunden regelrecht alleine? Diese zielgenaue Entscheidungsunterstützung, wie am Beispiel der Autokäuferin geschildert, ist es, was Kunden heute wollen und erfolgreiche Verkäufer diesen auch geben müssen. Sinnvoll ist es für den Verkäufer in jedem Fall, erst einmal aufmerksam zuzuhören, um herauszufinden, wie viel Käuferwissen der Interessent überhaupt besitzt. Ohne natürlich in den alten „Hahnenkampf", den ich im Abschnitt zum Gockel-Effekt beschrieben habe, zurückzufallen. Einige Kunden haben tatsächlich viel Wissen. Es kommt dabei aber auch auf den Stand der Beschaffung an: Ist der Kunde erst am Anfang des Prozesses, ist es eine Erstbeschaffung oder ein Folgeauftrag? Manche Kunden denken, sie wissen etwas, in der weiteren Verhandlung stellt sich allerdings heraus, dass es in Wirklichkeit ganz anders ist. Wenn Sie also den Wissensstand und damit den Beratungsbedarf des Kunden erforschen, denken Sie stets daran, dass gerade clevere Kunden gerne bluffen. Sie spielen ihnen eine Produktkompetenz nur vor, um zum gewünschten Ergebnis – im Normalfall bessere Konditionen oder ein umfangreicheres Kontingent – zu gelangen.

Strategien des Einkaufs

Erfolgreiche Einkäufer arbeiten heute mit allen Mitteln, um ihre Einkaufsziele zu erreichen. Hinzu kommt, dass Einkäufer mindestens ebenso geschult sind wie Verkäufer. Sie beherrschen viele Strategien und nutzen diese gegenüber den Verkäufern ausgiebig. Die Frage ist also: Welche Strategien muss der Verkäufer kennen und wie geht er am besten damit um?

Trickreich arbeiten Einkäufer mit allen möglichen Strategien, um die Verkäufer zu verunsichern, damit sie sich aus ihrem Verkaufskonzept bewegen. Wo Verkäufer versuchen, weil vor langer Zeit so geschult, mit ihren ausgefeilten Präsentationen und rationalen WAS-Argumenten zu punkten, macht der Einkäufer mit irritierenden Fragen, unfairer Dialektik und Verhandlungsphrasen alles zunichte. Oftmals bringen Einkäufer ...

- eine höhere Instanz ins Spiel, die es gar nicht gibt
- schicken andere Anbieter ins Rennen, wo gar keine sind
- fragen höhere Kontingente ab, die dann bei einer Bestellung nicht mehr zum Tragen kommen
- erarbeiten Sonderausstattungen, die im weiteren Verlauf der Verhandlungen plötzlich keine Rolle mehr spielen.

In solchen Gesprächen entscheiden meist nicht die Logik, sondern die Kenntnisse über das Auftreten und die Kommunikationsfähigkeit, gefolgt vom Mut und dem Willen, sich mit diesen Dingen auseinanderzusetzen.

Vergessen Sie nicht, dieser Hokuspokus der Einkäufer funktioniert nur, wenn Sie sich darauf einlassen und mitspielen. Stecken Sie für sich Ihre persönlichen Verhandlungsgrenzen im Vorfeld ab. Sie haben im äußersten Notfall immer noch die Möglichkeit, aus der Verhandlung auszusteigen, was allerdings meist nicht nötig ist. Bleiben Sie also ruhig und verfallen Sie nicht in die Rolle des Opferlamms. Oftmals wird es auch spannend, wenn

Sie Ihrem Gesprächspartner signalisieren, dass Sie sein System durchschaut haben. Wie spannend Verkaufen und das Durchschauen von Strategien unter Hinzunahme der strategischen WIE-Faktoren ist, lesen Sie in den folgenden Kapiteln, denn ab jetzt heißt es für Sie: ... NUR DU VERKAUFST!

2. ... und jetzt spielt der Verkäufer mit!

Wenn Krise zur Realität wird, kann sich ein Verkäufer nicht mehr auf seinen alten Lorbeeren ausruhen, Strategien von gestern anwenden und hoffen, dass schon alles wieder gut wird. Wenn der Kunde sich verändert und Märkte im Wandel begriffen sind, muss auch der Verkäufer flexibel sein, sich notfalls wenigstens diesen Veränderungen anpassen und bestenfalls kreativ vorausdenken. Die Frage ist nicht ob, sondern wann Verkäufer aufwachen. Was passieren muss, damit sie endlich mitspielen, um den Sieg durch erfolgreiche Verkaufsgespräche und ein Umsatzwachstum für sich zu verbuchen? Der Bedarf ist vorhanden – die Frage ist nur, ob Sie ihn sich mit den vorhandenen Fähigkeiten sichern können? Verkaufen geht in die nächste Dimension! Wann läuten Sie Ihre nächste Runde ein?

2.1 Handeln statt abwarten!

Unsere Gesellschaft ist einem schnellen und stetigen Wandel ausgesetzt. Täglich stehen im privaten wie beruflichen Bereich Entscheidungen an der Tagesordnung. Unser aller Leben kann morgen schon ganz anders als heute sein: Ein anderer Aufgabenbereich, Projekte, in die man sich immer wieder aufs Neue einarbeiten muss, ein neuer Arbeitsplatz oder -ort. Auch Verkäufer stehen täglich vor neuen Herausforderungen: Auftraggeber wechseln zum nächstbesten Anbieter, neue Kunden sind nur schwer zu finden und noch schwerer zu binden. Alles ist im Umbruch – und trotzdem denken viele Verkäufer immer noch: Wenn ich nur lange genug abwarte, wird schon alles wieder so werden, wie es einmal war ...

Die Dynamik des Wandels

Dieses Abwarten in wirtschaftlich anspruchsvollen Zeiten hat früher durchaus funktioniert. Nach einigen Wochen oder Monaten ging es meistens wieder bergauf und der Verkauf lief wieder an. Block und Stift wurden gezückt und neue Aufträge geschrieben. Heute gelingt dies nicht mehr. Aber sich vor oder hinter vermeintlichen Hindernissen zu verstecken, ist nicht nur im Verkauf die falsche Entscheidung. Jetzt ist der Moment, um in die Offensive zu gehen. Wer sich gemütlich im Sessel zurücklehnt, wird darin endgültig kleben bleiben. Die guten alten Zeiten kommen nicht wieder. Diese Erkenntnis – für viele schockierend – ist jedoch enorm wichtig, um nicht wieder in alte Rollenmuster zu verfallen: Feste und langfristige Verträge garantierten Verkäufern in der Vergangenheit und in zu vielen Branchen ein ruhiges Sitzfleisch. Verteilermärkte mussten nur noch bedient werden. Jetzt ist das alles etwas anders! Jetzt heißt Verkaufen, sich anzustrengen und mit Willen, Leistungsbereitschaft und der erforderlichen Verkaufsenergie Erfolge zu erarbeiten! Jetzt lautet die Devise: „Aufwachen!" Jetzt müssen Verkäufer beweisen, dass sie etwas drauf haben. Sie müssen zeigen, was es heißt, ein Verkäufer zu sein: Mit Biss an die Sache herangehen, ob es sich nun um die Akquise von Neukunden, den Zusatzverkauf bei Bestandskunden handelt, ob Erst-, Zweit- oder Drittgespräch, Verhandlung oder neue Strategien, zielgenaue Hartnäckigkeit zahlt sich aus, wenn es darum geht, nicht nur das Unternehmen, sondern auch das eigene Auskommen zu sichern.

Wir befinden uns in einer sich ständig und immer schneller wandelnden Zeit, in der kein Mensch voraussagen kann, wie es in einzelnen Branchen, bei einzelnen Unternehmen in Zukunft weitergeht. Dafür hat der Wandel inzwischen eine Dynamik entwickelt, die Veränderungen eine Dimension erreicht, die in Unternehmen andere Strategien notwendig macht. Von Ihnen als Vertriebsleiter, Key-Account-Manager und Verkäufer im Außen- und Innendienst oder im Telefonverkauf werden vollkommen neue Fähigkeiten und Fertigkeiten verlangt: Mehr Wille, mehr Mut und mehr Leidenschaft im Wissen um die eigene Verantwortung. Mit anderen Worten: Sie sind für Ihren Verkaufserfolg verantwortlich – ... NUR DU VERKAUFST!

Das müssen Sie wissen: Verkaufen ist nicht angeboren!

Viele Verkäufer sind immer noch auf Kuschelkurs: Sie machen Termine, lassen vom Innendienst ein Angebot ausarbeiten, rufen nach ein paar Wochen einmal wieder beim Kunden an, doch zum Abschluss kommen sie nicht. Doch welcher Fehler wird im Verkauf wohl am häufigsten gemacht? Leider neigen immer noch zu viele Verkäufer dazu, ihr Verkaufsgespräch zu zerreden. Hier hilft ein einfaches Mittel: Reichern Sie Ihr Gespräch als erfolgreicher Verkäufer einfach mit ein paar offenen Fragen (W-Fragen) an und Sie werden merken, der Redeanteil des Kunden wird steigen. Vor allem am Ende des Verkaufsgespräches kann dieses „Viel-Reden" für den Verkäufer zum Verhängnis werden. Anzeichen der Kaufbereitschaft werden übersehen und der Käufer, unsicher und nervös, zerredet sogar noch den Abschluss.

Letztendlich werden aber nur die Verkäufer auch in Zukunft erfolgreich agieren, die mehr Verbindlichkeit in das Verkaufsgespräch bringen. Viele Verkäufer aber haben nicht den Mut, am Ende den finalen Biss zu setzen, also zum Beispiel nach dem Auftrag zu fragen mit den Worten: „Bis wann werden Sie Ihre Entscheidung treffen?" oder „Was hält Sie davon ab, Ihre Entscheidung jetzt zu treffen?" Nicht falsch verstehen, das hat absolut nichts mit aggressivem Verkaufen zu tun, sondern nur mit dem Wissen und dem Selbstbewusstsein des Verkäufers, die Kommunikation war hervorragend, alle Fragen sind beantwortet, der Kunde ist kaufbereit und ich bringe das Ganze nun zu einem erfolgreichen Abschluss. Den Abschluss, den Sie sich erarbeitet haben und für den Sie verantwortlich sind – vergessen Sie nicht: ... NUR DU VERKAUFST!

In der Zusammenarbeit mit Verkaufsteams fällt mir zum Beispiel immer wieder auf, dass an den Kunden versendete Angebote nicht konsequent nachbearbeitet werden. Man macht sich oder dem Innendienst sehr viel Arbeit bei der Ausarbeitung, doch wenn es darum geht, den Verkauf durch ein zielgenaues Gespräch einzuleiten, bleibt der finale Schritt oft aus. Was ist los mit all den Verkäufern? Sind sie sich für diese Aufgabe zu fein? Haben sie für diesen Monat bereits genügend Aufträge? Oder ist es die Angst, der Kunde denkt, sie hätten es plötzlich nötig? Wer hier nicht eng am Kunden dranbleibt, wird in Zukunft seine Daseinsberechtigung im Verkauf verlieren und sich nicht von den vielen anderen Verkäufern, die genau so handeln, unterscheiden. Leiten Sie jetzt Ihren persönlichen Veränderungsprozess ein.

Erkennen, wie wichtig Handeln ist

Der Kunde muss im Verkaufsgespräch erkennen: Hier ist ein Verkäufer, der selbst Aktivität in das Gespräch einbringt, der mir nicht nur eine ausführliche Beratung zukommen lässt, sondern so selbstbewusst ist, dass er dann auch verkaufen will. Stellen Sie sich folgende Situation vor: Ein Einkäufer in einem großen Unternehmen erlebt im Schnitt am Tag acht bis zehn Verkaufsgespräche. Und jeder Verkäufer, der ihn besucht, hat eine ähnliche Vorgehensweise. Genau da sollten Verkäufer, die mehr wollen, ansetzen. Sie sollten sagen, jetzt verändere ich meine Vorgehensweise im Verkaufsgespräch so, dass der Einkäufer die Möglichkeit hat, sich am Ende des Tages auch wirklich an mich zu erinnern. Ich werde in der Masse der Verkäufer der eine sein, der diesem Einkäufer durch eine aktive Verkaufsstrategie auffällt, der nicht nur beraten, sondern tatsächlich verkaufen will. In diesem Zusammenhang gibt es für Sie als Verkäufer eine gute und eine schlechte Nachricht.

Die gute Nachricht:

Verkaufen ist nichts, was angeboren ist! Besondere Fähigkeiten und Charaktereigenschaften sind dafür nicht unbedingt nötig.

Die schlechte Nachricht:

Verkaufen können fällt (leider) nicht vom Himmel! Verkaufen ist eine innere Haltung in Kombination mit einem bestimmten Verhalten nach außen. Zum erfolgreichen Verkaufen gehören spezifische Ausprägungen und Fähigkeiten, die jeder (der den Willen hat!) erlernen, weiterentwickeln und perfektionieren kann.

Was Unternehmen dazu tun können

Unternehmen lassen ihre Verkäufer nicht alleine, ganz im Gegenteil: Sie bieten regelmäßig Schulungen im fachlichen Bereich an, veranstalten Trainings zu Verkaufsthemen, Kommunikationsverhalten und Rhetorik. Individuelle Coachings oder Training-on-the-job sollen die Verkäufer zielgenau unterstützen. Meistens läuft eine Schulung allerdings so ab, dass ein Unternehmen einen Verkaufstrainer organisiert, der ein eintägiges Training durchführt und der Vertriebsleiter denkt, jetzt sind meine Verkäufer wieder motiviert und richtig gut drauf. Eine Schulung dient nicht der Gewissensberuhigung eines Chefs, sondern muss messbare Erfolge bringen! Besser ist es, mit dem Verkäufer direkt und aktiv in seinem Arbeitsumfeld zu arbeiten und die Impulse und Erkenntnisse daraus wieder in weiterführende Trainings einfließen zu lassen. So kann ein kontinuierlicher Verbesserungsprozess entstehen. Der Vorteil ist das zielgenaue Feedback über den aktuellen Stand der Verkaufsabteilung.

Raus aus der Komfortzone – Kunden kommen nicht von alleine

Je nach Branche oder örtlichen Gegebenheiten spitzen sich die Bedingungen im Verkauf immer mehr zu. Bislang haben sich viele Verkäufer in ihrer Komfortzone wohlgefühlt. Das, was sie an Aufträgen geschrieben haben, reichte aus. Bislang! Doch nun wird diese Komfortzone plötzlich immer kleiner und kleiner. Der Verkäufer muss aufpassen, dass er darin noch Platz hat. Und doch lehnt er sich immer einfach ein bisschen mehr zurück und wartet ab. Bis irgendwann der Punkt erreicht ist, an dem einfach nicht mehr genügend Anfragen herein kommen. Aber auch da warten viele Verkäufer noch ab. Und irgendwann ist dann der Zeitpunkt erreicht, an dem fast gar nichts mehr kommt. Und plötzlich müssen Verkäufer ihre Komfortzone verlassen, müssen selbst aktiv werden, müssen in die Akquisephase einsteigen, müssen um Abschlüsse kämpfen, müssen wesentlich mehr Leistung bringen, um auch nur annähernd den Erfolg zu erhalten, der früher vielleicht selbstverständlich war.

Allerdings gibt es da eine weitere Herausforderung, mit der ein Verkäufer jetzt auch noch zu kämpfen hat: Denn natürlich sinkt unter Zwang die Leistungsfähigkeit deutlich. Plötzlich soll man nicht nur akquirieren, sondern dies auch noch unter massivem Erfolgs- und Leistungsdruck. Umso wichtiger ist es, dass Akquise für Verkäufer ein regelmäßiger, ein ständiger Prozess ist. Auch wenn es gut läuft und ausreichend Anfragen vorhanden sind, sollte der Verkäufer immer wieder Akquise machen, um sozusagen ständig im Training zu sein und erfolgreich zu bleiben. Viele Verkäufer vernachlässigen in erfolgreichen Phasen die Akquise. Sie arbeiten an ihren Anfragen, den bestehenden Aufträgen und „vergessen" nebenbei übrigens ganz gerne, zu akquirieren.

... NUR DU VERKAUFST!

Der Akquiseanteil kann entsprechend der geschäftlichen Entwicklung variieren, sollte allerdings niemals auf Null herabgefahren werden. In guten Zeiten machen Sie etwas weniger Akquise und in anspruchsvollen Zeiten etwas mehr. Akquise sollte ein ständiger Begleiter des Verkaufsgrundgesetzes, des Verkäuferalltags sein und als ständiger Prozess in den Arbeitsablauf integriert werden. Verkaufen geht in die nächste Dimension und dabei darf kontinuierliche Akquise nicht fehlen.

2.2 Wie sinnvoll ist Vokabeln pauken wirklich?

Ein Verkäufer kann noch so begeistert sein und diese Begeisterung auch vermitteln können, ohne Fachkompetenz kommt auch er nicht aus. Diese ist Voraussetzung, um die Kundensituation zu verstehen und als enger Berater und Partner des Kunden erfolgreiche Individuallösungen zu finden. Nicht mehr, aber auch nicht weniger. Fachwissen ist wichtig, aber nicht entscheidend. Viele Verkäufer jedoch gewichten immer noch die Nachrichtenübermittlung höher ein als die persönliche Beziehung. Erst durch das systematische Steuern der Kommunikation hin zur Beziehungsebene bekommt das Fachwissen den entscheidenden Rahmen, durch den es „in aller Bescheidenheit" wirken kann.

Lernt der Verkäufer wirklich Vokabeln? Hat er jemals Vokabeln gelernt? Oder macht er bestimmte Dinge einfach aus seiner Erfahrung heraus, denkt aber, es wären Vokabeln. Wenn wir an die Schule zurückdenken, haben wir Vokabeln gelernt, um uns auf Englisch oder Französisch zu unterhalten oder im Lateinunterricht die alten Texte übersetzen und damit verstehen zu können. Vokabeln bilden die Grundlage jeder Sprache und jeder Verständigung. Ohne diese Basis können wohl auch Verkäufer nicht erfolgreich sein. Sie brauchen zum einen den jeweiligen Fachjargon, um mit dem Kunden eine Sprache zu sprechen, auf der anderen Seite gewisse Vokabeln, was die Verkaufstätigkeit anbelangt, um sich zum Beispiel mit dem Innendienst schnell verständigen zu können.

Vokabeln könnten aber zum Beispiel auch Verkaufstechniken sein, Fragesysteme, Kommunikationssituationen oder einfach nur der strukturierte Ablauf eines Verkaufsgesprächs mit seinen vorher definierten Phasen. Kennt der Verkäufer diese seine Vokabeln und ist er mit dem Gebrauch der einzelnen Worte beziehungsweise deren sinnvoller Kombination in Form von Sätzen, ja ganzen Geschichten, vertraut, kann er wesentlich entspannter an Verkaufsgespräche herangehen. Er kann ganz er selbst und sich seiner Basis sicher sein. Und er kann sich ganz dem wichtigsten Faktor im Verkauf widmen: seinem Verkaufsgespräch!

Verstehen ist besser als auswendig lernen

Wer in seinem Leben einmal Latein gelernt hat, der weiß, wie schwierig es mit der Zeit wird, sich alle Wörter einzuprägen, weil diese oft bis auf einen Buchstaben gleich lauten und weil es im Deutschen meistens viele Übersetzungen für ein und dasselbe lateinische Wort gibt. Wer es nicht schafft, sich hier von Anfang an Bezugspunkte zu schaffen, über Bilder und Geschichten zu visualisieren, wird beim Auswendiglernen schier verzweifeln. Aber auch im Englischen lernt man leichter, wenn einzelne Wörter vielleicht schon mit einem Satz verknüpft sind. Ähnlich ist es mit Verkaufsvokabeln. Nur Fragen auswendig zu lernen macht noch keine Fragetechnik aus. Auch hier ist es nicht sinnvoll, Fragen unbedingt stur zu „pauken“, sondern sie zu verstehen und in der Lage zu sein, sie anzuwenden. Im Verkaufsprozess also Vokabeln, ähnlich wie in der Schule für die nächste Schulaufgaben, nur für das nächste Verkaufsgespräch zu lernen, bringt nicht viel, ja ist vielleicht sogar kontraproduktiv. Hier müssen vielmehr Prozesse verstanden werden – dann macht die Arbeit mit Vokabeln Sinn: Beherrsche ich hingegen nur wenige Techniken, habe ich nur die Möglichkeit, auf einer sehr niedrigen Ebene zu kommunizieren.

Multilaterales Verkaufen

Je mehr Verkaufstechniken ich verinnerlicht habe, desto vielschichtiger kann ich in ein Verkaufsgespräch eingreifen – lassen Sie es uns als multilaterales Verkaufen bezeichnen. In der Politik verwendet man den Begriff multilateral (von lat. multus „viel“ und latus „Seite“), wenn mehrere Staaten kooperativ und gleichberechtigt gemeinsam handeln. Übertragen wir dieses Prinzip, bedeutet es im Verkauf: Nicht nur einen Bereich voranzutreiben, sondern alle benötigten Eigenschaften gemeinsam wirken zu lassen. Es gilt also nicht nur, Vokabeln zu pauken, sondern Techniken zu trainieren. Gemeinsam mit Ihnen möchte ich jetzt die Vokabeln mit den strategischen Gesprächsphasen verschmelzen, die einzelne verbale, sprich kommunikative Bausteine beinhalten. Betrachten wir Vokabeln einfach als diese kleinen Bausteine, die durchaus wichtig sind, über die wir aber den globalen Überblick über das Gespräch nicht verlieren dürfen. Schließlich wollen wir dem Kunden ein Stück weit mehr als nur kleine Bausteine bieten – ihn in ein richtiges zielgenaues strategisches System einbinden.

Einen Aspekt möchte ich hier, weil es zum Thema Vokabeln passt, noch nicht mit aufnehmen: Standardfloskeln. Viele Verkäufer arbeiten immer noch mit diesen Floskeln und wollen oder können sich nicht davon lösen. Angefangen von der wirklich klassischen Frage „Wie geht es Ihnen?" bis hin zum Gesprächsthema Wetter – können Sie sich vorstellen, wie ein Einkäufer leidet, wenn am Tag der achte Verkäufer bei ihm mit diesen Standardfloskeln das Büro betritt? Wenig Kreativität, die Verkäufer hier an den Tag legen, oder?

Fragen sind nicht gleich Fragen!

Fragen sind im Verkauf ein zentrales Thema, allerdings möchte ich an dieser Stelle nicht zum x-ten Mal auf alle gängigen Fragetechniken eingehen. Mir geht es vielmehr darum, Ihnen aufzuzeigen, dass auch hier das gilt, was wir gerade zum Thema Vokabeln pauken herausgefunden haben: Einzelne, auswendig gelernte Fragetechniken bringen nichts, wenn diese nicht in einem zielgenauen und strategischen Fragesystem angewandt werden. Verkäufer sind aufgrund Ihres Wissens um Fragetechniken nicht in der Lage, ihren Gesprächserfolg zu steigern, ja gar ihn extrem zu erhöhen. Warum? Weil ihnen nie jemand gezeigt oder sogar mit ihnen trainiert hat, wie sie Fragetechniken in ihrem Verkaufsgespräch strategisch einsetzen können.

Werfen wir trotzdem einen kurzen Blick zurück: Früher war es eine klassische Aufgabe des Verkäufers, über die Ja-Fragen-Schiene den Kunden zu so vielen kleinen positiven Ja-Antworten zu bewegen, dass er am Ende auch zum Auftrag JA sagt. Die Summe der kleinen JAs sollte schließlich ein großes JA ergeben. In der Zwischenzeit haben wir mündige Kunden, die nicht nur diese Fragetechnik bestens kennen und sicher nicht mehr darauf hereinfallen, sondern sich zurecht über einen Verkäufer ärgern würden, der versucht, mit einer solchen Strategie zu punkten. Ebenso die grundlegende Aussagen: Biete dem Kunden immer zwei Alternativen an, anstelle zum Beispiel nur einen Terminvorschlag zu nennen. Im nächsten Schritt kam der Wechsel von geschlossenen zu offenen Fragen. Der Verkäufer weiß heute also grundsätzlich, dass er offene Fragen stellen sollte, ja sollte, weil er – und das stelle ich bei meinen LiveCoachings immer wieder fest – zum Großteil nicht in der Lage dazu ist, es auch umzusetzen. Er kennt viele offene Fragen, hat diese vielleicht sogar auswendig gelernt, weiß aber nicht, welche der offenen Fragen er zu bestimmten Zeitpunkten im Gespräch stellen muss. Verkäufer brauchen also ein System, in dem es konkrete Fragen für die Gesprächseinleitung, für den Hauptteil und den Abschluss gibt. Von daher macht es schon Sinn, diese Fragen zu lernen, allerdings muss man auch in der Lage sein, sie zu verstehen und zum richtigen Zeitpunkt im Verkaufsgespräch einzusetzen.

Argumentieren – aber richtig

Argumente sind wichtig. Ihnen kommt im Verkaufsgespräch eine tragende Rolle zu – allerdings nur, wenn Verkäufer in der Lage sind, in der jeweiligen Situation und zugeschnitten auf die Fragen des Kunden, die richtigen Argumente zu bringen. Je anspruchsvoller Verkaufen wird, und zukünftig wird es immer wirtschaftlich anspruchsvolle Zeiten, Märkte und Branchen geben, umso wichtiger wird das richtige Argumentieren im Verkaufsgespräch. Verkäufer argumentieren durchaus sehr viel, allerdings sind sie selten in der Lage dazu, den speziellen Nutzen für den Kunden herauszuarbeiten.

Standardargumente jedoch zielen nicht auf den tatsächlichen Nutzen des Kunden ab. Diese gilt es im Vorfeld im Rahmen einer Bedarfsanalyse herauszuarbeiten. Also müssen Sie zuerst mal mit Ihrer Strategie abklären, was der Kunde will, wo seine Wünsche sind, welche Kaufgründe er hat, warum er sich dazu hinreißen lässt, jetzt gerade bei Ihnen zu kaufen. Ein weiterer Faktor ist bei Verkäufern in der Argumentationsphase auch noch festzustellen: Sie argumentieren mit einem extrem hohen Redeanteil und zerschmettern dadurch oft eigentlich wirkungsvolle Argumente gleich wieder, indem Sie diese überreden.

2.3 Authentizität zeigen – so werden Sie zu einem „Original"

Authentizität ist eine Eigenschaft, die im Verkauf hoch eingeschätzt wird. Wer authentisch ist, verstellt sich nicht, hat es nicht nötig, in eine Rolle zu schlüpfen, ist glaub- und vertrauenswürdiger. Dabei bedeutet authentisch zu sein nicht, immer der Gleiche zu bleiben. Authentische Menschen entwickeln sich sehr wohl weiter, bleiben dabei aber immer echt in dem, was sie sagen und tun. Sie strahlen Überzeugungskraft aus, weil alle Faktoren, die wir wahrnehmen wie Körperhaltung, Stimme, Aussagen und Blick passen und stimmig sind.

Schemata und Regeln gibt es im Vertrieb viele. Zudem versuchen gerade jüngere Verkäufer auch, sich an anderen erfolgreichen Verkäufern – vielleicht den „alten Hasen" im Unternehmen – zu orientieren. Rhetorik und Kommunikationsstrategien – viel zu oft verbergen sich dahinter einheitliche Vorgehensweisen, die zwar Erfolg versprechen, jedoch die Individualität des einzelnen Verkäufers wenn überhaupt, nur wenig berücksichtigen. Gut, wer dann noch weiß, wer er selbst ist! Gut, wer eine innere Stabilität sein eigen nennen kann, die ihm hilft, authentisch zu sein, zu bleiben und auf den Gesprächspartner auch zu wirken. Diese Authentizität gibt Ihnen auf der einen Seite die Sicherheit (schließlich müssen Sie nicht jedes Mal wieder überlegen, wie Sie sich bewegen und verhalten, was Sie sagen und tun sollen) und auf der anderen Seite auch die notwendige Flexibilität, um mit eben dieser Sicherheit alle anstehenden Aufgaben zu lösen. Authentizität stabilisiert: Nur wenn Sie wissen, wer Sie sind, können Sie dies nach außen ausstrahlen. Nur wenn Sie Ihre eigene Authentizität erkennen, werden Sie diese auch anderen Menschen zugestehen und im Verständnis, dass Andere anders sind, offen auf diese zugehen.

Wenn Sie an ein Original denken, haben Sie vielleicht ein echtes Gemälde, im Gegensatz zur Fälschung oder Nachbildung, vor Augen. Als Originale werden aber auch Menschen mit besonderen äußerlichen Kennzeichen und/oder mit auffallenden Charaktereigenschaften bezeichnet: Sie haben einen besonderen Stil zu sprechen, sie haben eine eigene Art, etwas zu präsentieren, sie strahlen Begeisterung aus und sprechen mit ihrer ganz persönlichen Art andere Menschen an. Ein Original ist eine Person, die echt ist, die durch ein unverwechselbares, zum Teil vielleicht auch egozentrisches Verhalten, einen hohen Bekanntheitsgrad erreicht hat. Also zu einem egozentrischen Verhalten würde ich Ihnen im Vertrieb nicht raten. Ein auf angenehme Art und Weise unverwechselbares Auftreten allerdings hat Verkäufern schon oft dazu verholfen, im Gedächtnis der Einkäufer und/oder Kunden positiv haften zu bleiben.

Für dieses Buch ist mir wichtig, dass Sie erkennen, dass ich aus Ihnen keinen anderen Menschen machen möchte. Ich möchte vielmehr erreichen, dass Sie Ihr Verkaufen überdenken und ganz bewusst einmal ihr Handeln und Tun überprüfen, wie mache ich das und wie könnte ich es auch einmal anders probieren.

Natürlich möchte ich Ihnen aber auch Ideen, Möglichkeiten und Impulse mit auf den Weg geben, Dinge durchaus einmal zu verändern und über das Ausprobieren die Bereitschaft mitzubringen, neue Prozesse in den eigenen Arbeitsalltag einfließen zu lassen. Denn auch diese Aspekte gehören zum Thema Authentizität dazu und sind wichtig, um sich als Verkäufer die Möglichkeit zu bewahren, in seinem authentischen Auftreten mit neuen Techniken ein Stück weit erfolgreicher zu werden. Ich darf Sie an dieser Stelle noch einmal daran erinnern, dass nicht die Anderen für Ihren Verkaufserfolg verantwortlich sind: ... NUR DU VERKAUFST!

Von der Person zur Persönlichkeit zum Verkäufer

Als Person kommt Ihnen, neben Ihrer Aufgabe als Verkäufer, nicht nur eine weitere Rolle (Vater, Mutter, Schwester, Freund und andere) zu. Als Person sind wir frei in unseren Entscheidungen, jedoch verantwortlich für unser Handeln. Als Person haben wir Rechte, die uns zustehen und Pflichten, denen wir täglich nachkommen müssen. Der Mensch ist von Geburt an eine Person. Indem er allerdings immer mehr von seiner Freiheit Gebrauch macht und sich selbst bestimmt, wird er zur Persönlichkeit. Eine gute Ausgangslage, um von der Person des Verkäufers zur Persönlichkeit zu wachsen. Denn nur wenn Sie sich Ihrer einzigartigen Eigenschaften bewusst sind, als unvergleichliches Individuum denken und handeln, können Sie Ihre Aufmerksamkeit voll und ganz Ihrem Gesprächspartner, Ihrem Kunden widmen. Auch wenn sich die Etymologen bezüglich der Wortherleitung von „Person“ nicht so ganz einig sind, wird inzwischen meistens das etruskische „phersu“ = Maske zitiert. Das heißt für uns im Verkauf: Als Person haben wir eine Maske auf, spielen eine uns zugedachte oder selbst gewählte Rolle. Als Persönlichkeit sind wir in der Lage, authentisch aufzutreten.

Mut zur Wahrheit

Wie sehen Sie sich? Sind Sie eine Person? Haben Sie Persönlichkeit? Oder haben Sie sich schon zum Verkäufer entwickelt, der im Gespräch souverän führt, dem Kunden genau die Informationen zukommen lässt, die er benötigt und schließlich beharrlich am Ball bleibt, bis der Verkauf unter Dach und Fach ist? Apropos, wussten Sie, woher diese Redensart kommt? Das Dach ist auch heute noch sofort verständlich, das Fach dagegen nur in manchen Gegenden Deutschlands beziehungsweise über die kleine Erweiterung „Fachwerk". Bei dieser Holzkonstruktion für Häuser bilden Balken die feste Struktur, in deren Zwischenräume ein Lehmstrohgemisch gefüllt wurde, um eine Wand zu bauen. „Dach und Fach" bezeichnen in diesem Zusammenhang also das Haus, das unter besonderem Schutz stand beziehungsweise diesen bot. Bringt man also etwas unter Dach und Fach, ist es geschützt, in Sicherheit. So wie Ihr Verkauf, wenn Sie – so viel wie nötig, aber so wenig wie möglich – präsentiert und informiert haben, der Kunde vollkommen zufrieden ist und das Geschäft für alle Beteiligten glücklich beendet – zumindest für dieses eine Mal.

Manchmal ist es wichtig, selbst den Mut zur Wahrheit aufzubringen. Viele Verkäufer verkaufen einfach weiter, mit mehr und weniger Erfolg, haben allerdings auch nicht den Mut, einmal zu prüfen, worauf dieser mehr oder weniger Erfolg denn begründet ist. Verkauft sich Ihr Produkt fast von selbst? Dann schätzen Sie sich glücklich! Seien Sie aber immer darauf gefasst, dass es schon morgen nicht mehr so sein kann. Akzeptieren Sie die Wahrheit, entwickeln Sie sich weiter, arbeiten Sie an sich und Ihr Mut wird belohnt werden.

Selbstbild/Fremdbild, (Selbst-)Reflexion gegen Irrwege

Wir selber hören, sehen und erleben uns immer aus der Innensicht. Dieses Selbstbild lässt uns manchmal glänzen, doch erkennen wir selbst nicht, dass nur noch ein dünner Schleier des kostbaren Materials schimmert. Der

Unterschied zwischen Selbstbild und Fremdbild ist immer wichtig, egal ob Verkäufer nun außergewöhnlich erfolgreich oder von Misserfolgen geplagt sind. Eine solche (Selbst-)Reflexion hilft gegen Irrwege.

Wenn Sie sich also mit Ihrer Persönlichkeit als Verkäufer auseinandersetzen, ist es hilfreich, die eigene Wahrnehmung mit Rückmeldungen aus Ihrem Umfeld zu vergleichen. Nachfolgenden kurzen Test können Sie dazu bestens nutzen.

NUR DU VERKAUFST ..., deshalb	**Stimmt**	**Stimmt nicht**	**Stimmt teilweise**
... bin ich in Verkaufsgesprächen gut vorbereitet			
... bin ich immer pünktlich			
... lasse ich meinen Gesprächspartner ausreden			
... kann ich mich in die Situation des anderen hineinversetzen			
... trete ich selbstbewusst auf			
... besitze ich die Fähigkeit, andere mitzureißen			
... arbeite ich effizient			
... kann ich mit Kritik umgehen			
... bin ich in Stresssituationen belastbar			
... rede ich weniger als mein Gesprächspartner			
... benutze ich keine Verzögerungslaute			
... verkaufe ich lieber anstatt nur zu präsentieren			
... bleibe ich bei Widerständen des Gesprächspartners ruhig und aufmerksam			
... habe ich Durchhaltevermögen und Biss			

Abbildung 2: Selbsttest – Fremdtest; Quelle IPT® Innovatives Personaltraining, Karlsruhe

Kopieren Sie die Vorlage dafür mehrmals. Anschließend füllen Sie den Test zuerst für sich selbst aus. Dann verteilen Sie drei bis vier weitere Kopien in Ihrem Umfeld und bitten Ihren Vorgesetzten, Kollegen, Mitarbeiter und andere, Ihnen bezüglich der genannten Punkte ein offenes und ehrliches Feedback zukommen zu lassen. Gerne können Sie auch einen Freund aus dem privaten Bereich darauf ansprechen. Anschließend übertragen Sie alle Fremdeinschätzungen mit einer jeweils anderen Farbe auf Ihren ersten Testbogen. Sie werden sehr schnell erkennen, welche Diskrepanzen, aber auch Übereinstimmungen es bei Ihrem Selbstbild/Fremdbild gibt. So können Sie Irrwege bewusster wahrnehmen und zielgenauer an Ihren Fähigkeiten arbeiten.

Warum aber weicht das Selbstbild vom Fremdbild oft so stark ab? Vielleicht reflektieren wir manchmal zu wenig, haben uns in unser bisheriges und vermeintlich immer noch vorhandenes Ich verliebt, so dass wir gar nicht merken, dass wir uns merkbar verändert haben. Manche Menschen wurden zum Beispiel im Elternhaus so viel kritisiert, dass sie keine Chance hatten, je ein gesundes Selbstbild zu entwickeln. Sie werden immer kritischer mit sich umgehen als andere, die von Lehrern oder Bezugspersonen vielleicht immer wieder gelobt wurden.

Warum Gruppenzwang und Manipulation längst nicht mehr funktionieren

Im Verkauf hat man es ja des Öfteren mit Verkaufsteams zu tun. Ein Verkaufsleiter gibt vor, welche Umsätze realistisch sind und wie diese bei den einzelnen Kunden erreicht werden können. Der Corporate Identity des Unternehmens Rechnung tragend, tragen alle Verkäufer die gleichen Hemden mit dem Logo des Arbeitgebers. So soll nach außen ein einheitliches Auftreten gewährleistet werden. Wie sich hier im kleinen Kreis der Auftritt der Verkäufer gleicht, so tut es dies auch im großen Rahmen. Sich einer Gruppe zugehörig zu fühlen, kann sehr förderlich sein, wenn allerdings Gruppenzwang daraus wird, haben viele Verkäufer das Gefühl, sich anpassen zu müssen, um akzeptiert zu werden. Eine Gruppe kann für den Einzelnen ein Zufluchtsort sein, aber auch die Möglichkeit bieten, unbemerkt mit zu schwimmen. Ohne eine innere Stärke, die im persönlichen Auftritt zu merken ist, gehen viele Verkäufer in der Gruppe regelrecht unter und schaffen es nicht, als Persönlichkeit authentisch zu werden.

Manipulation ist ein Thema, das im Verkauf schon vielfach für Diskussionen gesorgt hat. Immer wieder werden bestimmte Verkaufstechniken der Manipulation zugeordnet, sprich Verkäufer werden regelrecht verdächtigt, ihre Kunden zu manipulieren, sie negativ zu beeinflussen, nur um entsprechenden Umsatz zu generieren. Genauso gut ist es aber auch umgekehrt: Einkäufer können und werden Verkäufer manipulieren, um ihre Ziele leichter zu erreichen. Im Grunde genommen ist aber genau das eine durchaus manchmal verwendete Vorgehensweise von beiden Seiten: Die Gesprächspartner – also Verkäufer und Einkäufer – haben beide unterschiedliche Ziele und wollen ihre jeweiligen Ziele erreichen. Was also tun? Natürlich: Den „Gegner" manipulieren, sprich beeinflussen. Wobei wir davon ausgehen, dass beide dies in aller Fairness, auf einer werteorientierten Basis und mit dem gemeinsamen Ziel einer Win-win-Situation tun. Dann spricht nichts gegen eine harte Verhandlung, gegen Diskussionen, gegen Manipulation. Manipulation bedeutet ja auch nicht mehr oder weniger als Handhabung (lat. Manipulation = Handgriff, Kunstgriff).

Weder das eine noch das andere ist im Verkauf hilfreich, aber natürlich müssen Verkäufer darüber Bescheid wissen, weil gerade auch ihre Gesprächspartner im wahrsten Sinne des Wortes „mit allen Wassern gewaschen sind".

2.4 Positionierung ausrichten – von der Uniformität zum Maßanzug

Können Sie sich noch erinnern? Er war in den Achtzigerjahren zu Gast in vielen Talkshows und gab zahlreiche Interviews zu den Möglichkeiten der modernen Technologie. Der schlanke, hoch gewachsene Forschungsminister trug eine Brille und hatte glatte braune Haare. Sie haben kein Bild im Kopf? Entsteht jetzt ein Bild in Ihrem Kopf, wenn Sie erfahren, dass er stets eine Fliege trug? Ja? Wie hieß der noch mal? Der Minister mit der Fliege? Die Fliege unterschied ihn von allen anderen Politikern und machte ihn unverwechselbar. Sie haftet hartnäckig in unserem Gedächtnis, mehr als sein Name oder gar seine politischen Ansichten. Übrigens: Heinz Riesenhuber hieß er und er war CDU-Politiker. Sein Erkennungs- und Markenzeichen aber ist bis heute in unseren Köpfen geblieben: seine Fliege!

Unverwechselbar aus der Masse ragen

Heinz Riesenhuber hatte sich schon damals ein Alleinstellungsmerkmal unter allen Politikern geschaffen und ragte damit aus der Masse heraus. Er fiel auf und war unverwechselbar: Er war der Minister/Politiker mit der Fliege. So wie er sich positioniert hatte, lohnt es sich auch für Verkäufer, sich durch ein Alleinstellungsmerkmal von den Mitbewerbern abzuheben. Warum? Die Produkte und Dienstleistungen sind austauschbar – außer es handelt sich um eine starke, konkurrenzlose Marke – der Käufer entscheidet demnach häufig nach dem letzten Unterscheidungskriterium, das er erkennen kann: dem Preis. Wer nicht in den Strudel der Preisspirale nach unten gezogen werden will, muss etwas Besonderes bieten: Etwas, das sich abhebt und im Gedächtnis des Gesprächs- und Geschäftspartners positiv einprägt.

Die Verkäuferpositionierung – es gibt noch viel zu tun

Die Realität im Verkauf sieht allerdings ganz anders aus: Die Uniformität der meisten Verkäufer ist geradezu verblüffend: Die überwiegende Mehrheit der Verkäufer geht seit Jahrzehnten gleich vor. Der Verkäufer, natürlich Uniform mit Anzug und Krawatte, begrüßt den Kunden offen (Körperhaltung und Gestik stimmen) und liebenswürdig. Gekonnt schafft er mit einem unterhaltsamen Small Talk eine freundliche Atmosphäre. Erst dann kommt er im Verkaufsgespräch zur Sache. Kann er die Wünsche des Kunden, die er natürlich vorher mit gekonnten Fragen herausgefunden hat, erfüllen, kommt es zum (Ver)Kauf. Nach einem erfolgreichen Abschluss verabschieden sich gute Verkäufer mit einer Terminvereinbarung zum nächsten Treffen. Den letzten Punkt vergessen Verkäufer überdies noch gerne und verabschieden sich mit einem unverbindlichen „Man sieht sich bald wieder!" Kein Wunder, dass viele Kundenakquisiteure – sofern nicht ein herausragendes Produkt geboten wird – austauschbar erscheinen und in der Masse untergehen.

Alleinstellungsmerkmale schaffen

Eine Möglichkeit, sich von anderen Verkäufern abzuheben, ist eine einzigartige Produktpalette: unverwechselbare, hochwertige Markenprodukte – das jedoch hängt mittel- oder unmittelbar nicht immer vom Verkäufer ab. Eine entscheidende Möglichkeit ist allerdings, sich als Verkäufer selbst zu positionieren, eine eigene Marke zu schaffen, und damit aus dem Heer der Seller herauszuragen. So wie Produkte, Marken, Firmen oder Dienstleistungen eine unique selling proposition (USP) besitzen, so sollte auch der Verkäufer eine USP anstreben. Alleinstellungsmerkmale bei Produkten hatte der VW-Käfer durch sein Aussehen hervorgerufen, die Ente galt als Kultauto und hatte ihre Positionierung durch die Käufer erworben und der Rolls Royce hatte sein Image durch den Preis geschaffen: für Normalsterbliche ist er unbezahlbar. Zu den bekanntesten Marken gehört Coca-Cola, das einzigartig schmeckt, überall zu erhalten ist und in der typischen Flasche steckt. Die Automarke mit dem Stern gilt als sicher und unverwüstlich. Die Firma Siemens bürgt für Qualität oder Microsoft für rasend schnelle Innovation. Oder wer hat im Dienstleistungsbereich noch nicht vom legendären Hotel Ritz gehört? Es steht für Luxus.

Hallo, Herr Kaiser!

Wer glaubt, solch ein Alleinstellungsmerkmal sei von Verkäufern nicht zu erreichen, der irrt. Alleinstellungsmerkmale bei Verkäufern gibt es schon, sie sind nur den wenigsten bewusst. Denken Sie an Ihren Versicherungsmakler. Wichtiger als jede Versicherungsmarke ist für die meisten Versicherten ihr Ansprechpartner, also der Verkäufer. Es ist nicht selten, dass ein Versicherungsmakler seine Kunden mitnimmt, wenn er das Unternehmen wechselt. Die USP ist in diesem Fall das Vertrauensverhältnis, das nicht ersetzbar ist. Der Verkäufer wird zur eigenen Marke. Die Hamburg-Mannheimer Versicherung hat jahrzehntelang auf dieses Vertrauensverhältnis gebaut und eine eigene Figur geschaffen, die stellvertretend für die Marke der Firma stand: Herrn Kaiser. Klingeln die Slogans noch in Ihren Ohren? Die Firma unterstützt also die Identifizierung ihres Versicherungsangebots mit einer Person erfolgreich, weil sie weiß, dass ein gutes Vertrauensverhältnis ihrer Versicherten zu den Ansprechpartnern auch den Ruf der Versicherung stärkt.

Sich als Team positionieren

Auch Teams können sich als Marke positionieren. Am häufigsten passiert dies in Musikbands. Die Gruppen werden als Einheit wahrgenommen und in der Regel lösen sie sich auf, wenn einer die Band verlässt. In den seltensten Fällen gelingt es dann, einem einzelnen Mitglied eine neue Marke zu schaffen, wie das Paul McCartney von den Beatles oder Phil Collins von Genesis gelungen ist. Können Sie sich Udo Lindenberg ohne seinen Hut vorstellen? Heino ohne Sonnenbrille? Einen Marlboro Mann ohne Cowboystiefel? Oder Helmut Schmidt ohne Zigarette? Zweifellos charakterisieren diese Utensilien die genannten Personen, doch für Verkäufer sind sie nicht geeignet. Verkäufer sollten schon aufpassen, wie sie beim Kunden auftreten. Bei einem Hut kommt es auf den Kunden und die Auswahl des Hutes an. Eine Sonnenbrille vermittelt dem Gesprächspartner Verschlossenheit. Cowboystiefel und Zigaretten sind in der Regel tabu. Bei der Wahl der Mittel sollte der Verkäufer Sensibilität walten lassen und sie müssen dem Umfeld und dem Unternehmen, in dessen Auftrag man unterwegs ist, angepasst sein oder dürfen ihm zumindest nicht widersprechen.

Wie positionieren sich Verkäufer?

Also wie soll sich ein Verkäufer am Markt positionieren? Er muss zunächst einmal für sich herausfinden und definieren, was er Einzigartiges zu bieten hat. Das kann natürlich die eigene Persönlichkeit sein, sein Lächeln, sein charismatisches Auftreten. Das kann Seriosität sein, die schnell ein Vertrauensverhältnis schafft. Manche Verkäufer sind besonders aufmerksam, andere blitzschnell bei Kundenanfragen. Das können aber auch kleine Giveaways sein, mit denen Sie sich beim Käufer ins Gedächtnis einprägen. So verteilte ein Verkäufer zum Beispiel in jeder Gesprächsrunde 1-Euro-Lose an alle Beteiligten, was nicht nur die Stimmung der Teilnehmer (auch bei einer Niete) hob. Er setzte sich damit auch von der grauen Masse der anderen Verkäufer ab, prägte sich positiv in den Köpfen seiner Kunden ein. Oder wie wäre es mit einem Bündel Geldscheine, das die Ersparnis durch den Verkauf einer bestimmten neuen Maschine deutlich macht? Sie merken schon, es muss nicht teuer sein, nur anders.

Wenn Sie es schaffen, sich selbst am Markt als einzigartig zu positionieren, werten Sie damit auch Ihre Firma auf. Jedes Unternehmen profitiert von Verkäufern, die ihren Kunden dauerhaft ein positives Bild vermitteln und sollte deshalb auch ihre Verkäufer darin unterstützen, ein eigenes USP zu schaffen. Es überträgt sich auf das Unternehmen und erhöht Ihre Umsätze. Es gibt genügend kleine Lösungen und Ideen, positiv aufzufallen. Kreativität und Mut gehören dazu.

Was Sie von Stars und Sternchen lernen können

In ist, über den gesprochen wird. Verhalten Sie sich als Verkäufer doch auch einmal etwas wie ein Star oder zumindest ein Sternchen. Ohne Starallüren, aber mit dem gewissen Starappeal wird sich zukünftig jeder Kunde und jeder Einkäufer an Sie erinnern. Gehen Sie auf Ihrem Walk of Fame, seien Sie selbstbewusst und treten Sie nicht nur ein, sondern auf. Haben Sie den Mut, anders zu sein oder einfach nur ganz Sie selbst – Hauptsache, Sie tun es als Star-Verkäufer!

2.5 Mentale Stärke aktivieren – Leidenschaft siegt

Sportler beherrschen ihr Metier, sind technisch fit und mit den Gerätschaften, sofern von Nöten, vertraut. Sie trainieren hart und regelmäßig. Ob auf der Bahn oder Abfahrtspiste, ob im Gelände oder auf der Rennstrecke – die Umgebung wird im Vorfeld genauestens unter die Lupe genommen. Eigentlich müsste es bei dieser Vorbereitung doch nur noch Sieger und Goldmedaillen-Gewinner geben, oder? Keine Frage: Ein Sportler, ob Profi oder Amateur, liebt das, was er tut und ist bereit, alles dafür zu tun und zu geben, damit am Ende ein Sieg für ihn möglich ist. Diese Leidenschaft lässt sich auch auf den Verkauf übertragen. Wer es versteht, im Verkauf seine mentale Stärke zu aktivieren, wird mit Leidenschaft verkaufen. Genau diese mentale Stärke ist es, die auch Sportlern den Weg aufs Treppchen ermöglicht. Denn nur, wer genau im gefragten Moment seine vorher aufgebaute Leistung abrufen kann, wird als Sieger vom Platz gehen – ob im Sport oder im Verkauf.

Leidenschaft und Erfolg sind zwei Faktoren, die sich unmittelbar beeinflussen: Kein Erfolg ohne Leidenschaft und keine Leidenschaft ohne Erfolg. Wenn ein Verkäufer also nur mit Misserfolgen konfrontiert ist, wird er für seinen Beruf eher selten eine Leidenschaft entwickeln. Wenn eine Leidenschaft sich wirklich umsetzbar zeigt, ist dies meist der Fall, weil der Verkäufer in der Vergangenheit bereits Erfolge generiert hat. Leidenschaft wächst durch Siege, die man ohne Leidenschaft wahrscheinlich nie erreicht hätte. Bewahren Sie sich also – auch in Durstphasen – in jedem Fall den Spaß an einer Sache, denn nur so können Sie die positive Spirale aus Erfolg und Leidenschaft neu in Schwung bringen.

Jede Kurve im Blickfeld

Stellen Sie sich ein Formel-1-Rennen vor: Haben Sie sich schon einmal mental auf ein Verkaufsgespräch vorbereitet, wie es vergleichsweise ein Formel-1-Fahrer auf sein nächstes Rennen macht? Der Fahrer geht bereits einige Zeit vorher immer wieder die Rennstrecke durch. Sogar noch am Tag des Rennens geht er mental den Kurs ab, stellt sich die einzelnen Kurven vor, bremst in Gedanken an den entscheidenden Stellen ab und beschleunigt gedanklich aus den Kurven wieder heraus. Sie konzentrieren sich absolut auf den anstehenden Rennverlauf, stimmen sich ein und machen sich dementsprechend mental fit für das Rennen.

Ähnliches kennen wir auch von den Skifahrern, die zum Beispiel beim Riesenslalom jedes Tor vorhersagen können und schon lange, bevor Sie am Wettkampftag auf die Strecke gehen, wissen, wann Sie sich in welche Kurve legen müssen. Alle Sportler machen sich auf den Punkt genau fit und können ihre Leistung genau am Wettkampftag, der Wettkampfstunde oder manchmal in nur wenigen Wettkampfsekunden, wie beispielsweise beim Hundertmetersprint abrufen. Nicht umsonst gibt es den Spruch: Der Wettkampf wird im Kopf gewonnen! Denn was die Leistung betrifft, sind sicher mehrere Sportler auf einem ähnlich gleichen Level. Wie allerdings ein Rennfahrer, Skiläufer oder Sprinter letztendlich abschneidet, hängt von seiner mentalen Stärke ab.

Pointiertes Verkaufen

Auch für Sie als Verkäufer wird das Spiel im Kopf gewonnen! Sie müssen es also schaffen, ihre mentale Stärke zu aktivieren, um genau auf den Punkt (engl. point) Ihre Leistungsfähigkeit abrufen zu können. Nennen wir es pointiertes Verkaufen. Ebenso im Französischen: Sitzt die Pointe (franz. „Spitze") bei einem Witz, hat der Erzähler die Lacher auf seiner Seite. Im Verkauf brauchen Sie diesen geistreichen überraschenden Schlusseffekt ebenso wie viele kleine zusammenfassende Punkte während des gesamten Verkaufsprozesses. Deshalb sollten auch Sie als Verkäufer vor dem eigentlichen Verkaufsgespräch noch einmal die einzelnen Punkte, die Sie angehen wollen, durchdenken. Auch wenn Sie sich gerne mit Ihrem Produkt beschäftigen, lassen Sie es in diesem Zusammenhang außen vor. Ich gehe davon aus, dass Sie hier bereits absolut fit sind. Konzentrieren Sie sich also lieber auf die beschriebenen WIE-Faktoren und arbeiten das Verkaufsgespräch an sich noch einmal genauestens durch.

Denken und Handeln im Einklang

Wenn Sie auf der Siegerstraße sind und kontinuierlich gewinnen, weil Sie sich mental auf jedes Verkaufsgespräch enorm gut vorbereitet haben, befinden sich bei Ihnen meist auch das Denken und Handeln im Einklang. Der Gesamtprozess stimmt und ist gut im Kopf positioniert. Sobald Sie allerdings einmal nicht so erfolgreich sind, wird auch Ihr Denken und Handeln mit Sicherheit aus dem Gleichgewicht geraten. Nun müssen Sie in der Lage sein, aus eigener Kraft oder auch mit Unterstützung anderer, dieses Gleichgewicht wieder herzustellen.

Doch wie ist das möglich? Natürlich hilft eine gewisse Portion Motivation und wenn Sie sich selbst gedanklich pushen, sprich in einen guten Zustand bringen können. Allerdings reicht das meistens nicht aus. Sie sollten parallel dazu auch wieder einmal einen Schritt zurück zu Ihrer Basis gehen. Vielleicht reicht es ja aus, nur ein paar Nuancen im Verkaufsprozess zu verändern. In der Formel-1 zum Beispiel fahren die Piloten 3, 4 oder 5 Testrunden, kommen zurück an die Box, verfeinern die Einstellungen. Nun geht der Fahrer wieder raus auf die Strecke, schaut, wie es mit dem neuen Setup läuft? Und wieder absolviert er 3, 4, 5 Runden, kommt wieder zurück in die Box, es werden wieder neue Einstellungen gemacht, er fährt wieder raus. Er wird nicht müde, ständig daran zu arbeiten, besser zu werden, den Rennwagen feiner abzustimmen – wir sprechen hier von zum Teil nur minimalen Veränderungen. Vergleichbar ist das damit, was eigentlich auch ein Verkäufer machen müsste. Nur die wenigsten machen sich wirklich die Mühe, ständig an sich zu arbeiten. Sie tun dies nur, wenn es gar nicht mehr anders geht, und machen ansonsten einfach so weiter wie bisher. Er versucht, mit seinem vor Jahren aufgestellten Setup immer weiter Rennen zu fahren, und wundert sich auch noch, wenn er nicht mehr auf dem Treppchen landet.

Ähnlich wie in der Formel-1 braucht auch der Verkäufer für jedes Rennen ein neues Setup. Für jedes Gespräch muss er neue Einstellungen vornehmen, eine andere Performance abstimmen. Um allerdings immer das richtige Setup zu haben, muss ich als Verkäufer erst einmal wissen, welche Setups es grundsätzlich gibt. Sie können also als Verkäufer zu einer Ausgeglichenheit kommen, wenn Sie wissen, worauf Sie sich einstellen können und müssen. Wie in der Formel-1, in der das Fahrzeug optimal auf der Straße liegen muss, stellt sich auch für den Verkäufer die Frage: Befinde ich mich in der Waage? Passt meine Straßenlage und Performance, wenn ich zum Kunden gehe?

Mit Störfaktoren umgehen lernen

Startet ein Formel-1-Fahrer das Rennen von der Poleposition und schafft es, diese Position über die ersten Runden zu verteidigen, befinden sich vor ihm keine Hindernisse. Allenfalls mit den Gegnern in seinem Rücken hat er zu kämpfen. Er muss aber auch mit anderen Einflussfaktoren rechnen: Reifenwahl, Wetterumschwung oder Störungen am Fahrzeug können nicht unbedingt immer vor dem Rennen einkalkuliert werden. Auch im Verkauf gibt es gewisse Störfaktoren. Tauchen also „Gegner" menschlicher oder inhaltlicher Natur auf, können Sie vielleicht nicht immer Ihr Konzept verfolgen. Sie müssen bremsen oder ausweichen, weil Sie andere Fahrer vielleicht bereits überrunden. Sie müssen vielleicht aber auch – aufgrund Ihrer mentalen Stärke – in der Lage dazu sein, den Einen oder Anderen einmal vorbeiziehen zu lassen. Dann sagen Sie nicht gleich „Den kriege ich jetzt aber nicht mehr", sondern versuchen, souverän damit umzugehen und Ihre Chance zu sehen, den Anderen im Rennen durchaus wieder einzuholen.

Im Verkaufsprozess lassen sich durchaus gewisse Dinge klar steuern und lenken. Auf der anderen Seite gibt es aber auch immer die Einflüsse von einem oder sogar mehreren Gesprächspartnern. Diese verfolgen ihre eigene Strategie – je nach Level des Verkaufsgesprächs. Genau hier müssen Sie es schaffen, zumindest im weitesten Sinne, auf einem gemeinsamen Kurs zu bleiben beziehungsweise in der Lage sein, mit einem manchmal schnellen Spurwechsel des Gesprächspartners umgehen zu können. Das Interessante am Sport ist natürlich, dass man vom Rennen oder Wettkampf Video-Aufzeichnungen hat, anhand derer wir den Verlauf analysieren können. So etwas gibt es im Verkaufsprozess meistens nicht.

Nach einem LiveCoaching, also einer aktiven Begleitung, denken Verkäufer auch oft, sie haben einen Prozess vollzogen. Aber in Wirklichkeit und wenn wir darüber sprechen, was ich beobachtet habe, merken sie, dass es diesen Prozess so gar nicht gab. Ihnen wird plötzlich klar, dass sie im Gespräch einen ganz anderen Kurs eingeschlagen haben. Interessanterweise fällt ihnen das im Gespräch meist gar nicht auf. Zwischen unserem Denken und Handeln entsteht eine Barriere und beides ist bei Weitem nicht im Gleichgewicht. Manchmal denkt man zwar, man hat so gehandelt – sieht man sich den Prozess aber noch einmal von außen an, merkt man, es kam zu einer ganz anderen Reaktion.

Apropos Reaktion – haben Sie gelernt, mit den Reaktionen des Kunden umzugehen und diese auch in Ihre Denkprozesse mit einzubeziehen? Bei dem Thema positive Selbstbeeinflussung reicht es definitiv nicht aus, wenn ich mir nur drei Mal sage „Ich schaffe das", sondern ich muss dieses „Ich schaffe das" auch noch untermauern mit dem nötigen Wissen. Wissen, nicht im fachlichen WAS-Bereich, sondern im kommunikativen WIE-Bereich! Positive Selbstbeeinflussung funktioniert nur dann, wenn ich auch das nötige Fundament dazu habe, mich selbst tatsächlich ein Stück weit positiv zu beeinflussen. Zusätzlich muss ich in der Lage sein, diese Selbstbeeinflussung auch anzunehmen. Argumentieren wir unserem Selbstbewusstsein gegenüber mit Konjunktiven wie „Na ja, es könnte klappen, aber es könnte auch nicht klappen", schaffen wir es sicher nicht, den Verkaufsprozess positiv zu beeinflussen.

Verkaufserfolg beginnt im Kopf

Natürlich muss man an sich glauben! Dieser Glaube ist aber nur dann fruchtbar, wenn ich dafür eine gute Basis habe, wenn ich etwas habe, aus dem ich schöpfen kann. Hierzu gehören neben den fachlichen Grundlagen wieder unsere geforderten Verkaufstechniken und die Fähigkeiten, diese auch anwenden zu können. Nur dann fühlt man sich im Prozess sicher, nur dann kann die positive mentale Selbstbeeinflussung funktionieren. Vielleicht betrachten wir das Wort Selbstbeeinflussung mal ein bisschen spielerisch in Form von Sicherheitsbeeinflussung: Bin ich sicher, wie ich mich selbst beeinflussen kann, habe ich auch Erfolg.

Im Kopf kann man sich ja sehr schnell und alles Mögliche vormachen. Da kann man sich aufputschen und mit stolz geschwellter Brust zum Kunden gehen. Bringt der Kunde dann aber etwas Gegenwehr, ist bei den meisten Verkäufern die Luft schnell heraus, weil vielfach die Basis fehlt. Nehmen wir als Beispiel ein Fußballspiel: *Man kann jemanden sehr wohl heiß auf das Fußballspiel machen, geht derjenige jedoch auf den Platz, hat aber kaum Fähigkeiten dazu, Fußball zu spielen, wird das System nicht aufgehen. Spätestens nach dem zweiten Angriff, wenn er den Ball verliert, dann ist die ganze positive Selbstbeeinflussung weg.* Das Thema Selbstbeeinflussung ist also durchaus wichtig, mindestens ebenso wichtig ist aber auch der Zeitpunkt, an dem sie eingesetzt wird. Im Training wäre es zu früh. Unmittelbar vor dem Spiel, wenn das Training eine Leistungssteigerung gebracht hat, kann dieses letzte Heißmachen auf den Gegner, allerdings hilfreich und beflügelnd sein. Die positive Selbstbeeinflussung ist dann praktisch der letzte Impuls für das Spiel. Und dann steigen Sie aus dem Auto aus und gehen zu Ihrem Kunden. Dann haben Sie die Basis aus dem Training und das Selbstbewusstsein eines Siegers, das Ihnen hilft, das Wissen und Ihre Fähigkeiten auch „auf die Straße zu bringen".

Positive Selbstbeeinflussung

Verkäufer haben oft eine herausragende Position und tragen besondere Verantwortung – für den Erfolg des gesamten Unternehmens. Aufgrund erlebter Erfolge und dem Wissen, den täglichen Herausforderungen im Verkauf gewachsen zu sein, strahlen sie Selbstbewusstsein aus. Sie fühlen das Kraftpaket in sich, das man als „Begeisterung" umschreiben kann. Und genau diese Begeisterung ist es auch, die sie noch erfolgreicher macht.

Haben Sie schon einmal versucht, etwas zu erreichen, obwohl Sie sich weder für das Vorgehen noch für das Ziel interessiert haben? Mit welcher Leidenschaft sind Sie bei der Sache, wenn Sie keine emotionale Bindung dazu haben? Nun machen Sie sich aber trotzdem auch den Weg, weil es Ihr Chef so will, weil Sie diese Zielvorgaben haben – Sie marschieren und erreichen irgendwann das Ziel. Wie war Ihr Weg dorthin? Wahrscheinlich haben Sie diesen als sehr beschwerlich empfunden. Und das hat logische Gründe: Ohne Begeisterung ist es ausgesprochen schwierig, etwas zu erreichen. Besitzen Sie hingegen diese Leidenschaft, können Sie Höchstleistungen vollbringen und andere ebenso dafür begeistern.

... NUR DU VERKAUFST!

- Begeisterung fängt in Ihrem Körper an! Treiben Sie Sport, machen Sie Entspannungsübungen und regelmäßig Mentaltraining.
- Trennen Sie sich von Menschen und Dingen, die Sie herunterziehen und damit Ihre innere Begeisterung ausbremsen.
- Denken Sie an den Sportler, der vor jedem Training und vor jedem Spiel erst einmal Aufwärmübungen macht!

Man muss sich selbst mögen, um Andere zu mögen. Erst diese Grundvoraussetzung ermöglicht es, eine positive, enge Beziehung zum Kunden pflegen zu können. Denn Ihr Gegenüber spürt, ob Ihre Begeisterung aufgesetzt ist oder echt, egal in welcher Form Sie diese zeigen.

Verkäufer müssen sich ihrer Verkaufstätigkeit bewusst sein, auch wenn sie darüber hinaus natürlich noch viele andere Aufgaben wahrnehmen. Wenn sie auf dieser Basis ihre persönlichen Möglichkeiten optimal ausschöpfen, sind die in der Lage, nicht nur wesentlich mehr zu verkaufen, sondern ihren Beruf auch zufriedener und selbstbewusster zu (er)leben. Zentrale Bausteine bilden dabei die eigene Begeisterung und der abschließende Biss, der den Kunden nicht verletzen, sondern beide Seiten zu einem erfolgreichen Abschluss führen soll.

2.6 Faszination steigern – der Charisma-Faktor im Verkauf

Charisma – das ist diese fast unbeschreibliche Eigenschaft, die man von manchen Menschen kennt. Charismatische Menschen sind faszinierende Persönlichkeiten. Betreten sie einen Raum, verändert sich die Energie, so dass unweigerlich viele Augen auf sie gerichtet sind. Wird der Begriff oft mit Gnadengabe übersetzt, so widersprechen dem viele Experten, die es sehr wohl für möglich halten, Charisma zu entwickeln. Eine gewinnende Ausstrahlung, und so möchte ich Ihnen Charisma näher bringen, ist gerade im Verkauf von entscheidender Bedeutung und macht vieles im Leben eines Verkäufers leichter. Was aber tun, wenn man nun vom lieben Gott nicht mit den besten Attributen, einem bezauberndem Äußeren und einer überzeugenden Klangfarbe der Stimme ausgestattet worden ist? Vielleicht überlegen Sie selbst einmal: Sind es wirklich immer die hübschesten Menschen, die charismatisch wirken? Oder empfinden wir diese vielleicht oft eher als überheblich, auch wenn diese es gar nicht wollen und Charisma doch so gar nichts mit Überheblichkeit zu tun hat. Warum wecken manche Menschen unsere Aufmerksamkeit, obwohl diese keine besonderen Fähigkeiten und Fertigkeiten haben?

1. Stärken Sie Ihr Selbst-Bewusstsein

Menschen mit Charisma haben ohne Zweifel ein hohes Selbstbewusstsein. Sie kennen Ihre Stärken ebenso wie Ihre Schwächen und gehen mit letzten gelassen um. Werfen Sie doch einmal einen Blick hinter Ihre Kulissen: Was schätzen Menschen an Ihnen besonders? Über was ärgern sie sich im Umgang mit Ihnen? Trauen Sie sich ruhig, diese Fragen einmal zu stellen. Je mehr Sie von sich wissen beziehungsweise vor allem, wie Sie auf andere wirken, umso mehr Selbstbewusstsein können Sie entwickeln!

2. Mögen Sie sich selbst

Wenn Sie nun mit Ihren Stärken und Schwächen vertraut sind, lernen Sie, sich selbst zu mögen. Sie sind ein Mensch und diesem steht es auch zu, einmal Fehler zu machen. Sie werden manchmal hervorragende Gespräche führen und manchmal merken, dass Sie an einem Tag vielleicht nicht der beste Verkäufer sind. Was soll's! Ein Sprichwort sagt: Jeder Tag ist ein neuer Anfang. Und das gilt auch, um sich selbst zu schätzen für das, was man Tag für Tag leistet – für sein Unternehmen, für seine Kunden. Vergessen Sie darüber hinaus sich selbst nicht und tun Sie sich auch einmal wieder etwas Gutes!

3. Bringen Sie Ihre Leidenschaft zum Ausdruck

Charismatische Menschen, die sich mögen und selbstbewusst sind, treten auch entsprechend auf. Sie wirken durch Ihr ehrliches Interesse an anderen Menschen und die Leidenschaft für das eigene Tun. Gehen Sie mit offenen Augen und Ohren durchs Leben und Sie werden nicht verhindern können, dass Ihnen diese Offenheit ein positives Feedback einbringt. Jedes Lächeln, jedes kleine Dankeschön und jeder begeisternde Kundenkontakt steigern Ihren ganz persönlichen Charismafaktor!

Warum eine positive Ausstrahlung der halbe Abschluss ist

Verkäufer mit positiver Grundeinstellung zu sich selbst und zu Anderen tragen diese Haltung nicht nur in sich, sie sind auch in der Lage, diese positive Ausstrahlung zu multiplizieren. Ob im eigenen Unternehmen oder auf der Kundenseite, es gibt viele kleine Faktoren, die unsere Gesprächspartner positiv bewerten: Vielleicht ist es die Verfügbarkeit des Verkäufers oder die Verweildauer beim Gespräch. In dieser Beziehungsdimension bewegen sich Verkäufer und müssen lernen, logistisch-technische Details zu reduzieren, um die einmal geweckte positive Ausstrahlung zu erhalten oder sogar noch zu steigern.

... NUR DU VERKAUFST!

- Finden Sie heraus, was der Kunde erwartet und was ihn begeistert. Konzentrieren Sie von Anfang an Ihre ganze Energie darauf, diese Begeisterung auf einem hohen Level zu halten.
- Signalisieren Sie dem Kunden, dass Sie ein effizientes Zeitfenster für ihn haben und sich für seine Belange interessieren. Machen Sie dies vor dem eigentlichen Verkaufsgespräch, um eine vertrauensvolle Gesprächsbasis aufzubauen.
- Sprechen Sie die Sprache Ihres Kunden – wenn Sie einen Übersetzer brauchen, ist Ihr Kunde längst bei einem Verkäufer, der ihn versteht.

Zugegeben, Begeisterungskiller unterlaufen auch Top-Verkäufern. Gerade überaus erfolgreiche, selbstbewusste und begeisterte Verkäufer gehen oft äußerst dynamisch in ein Verkaufsgespräch und auf den Kunden zu, reichen ihm die Hand, wechseln zum Warming-up ein paar freundliche Worte und versinken dann in ihren Verkaufsunterlagen, die sie aus irgendwelchen Mappen oder Taschen hervor kramen. Bei Produkten, bei denen es um hohe Summen geht, geschieht dies oft auch durch aufwendige Präsentationen, die die ganze Aufmerksamkeit des Verkäufers auf die Technik und Darbietung statt auf den Kunden lenken. Ohne Blickkontakt kommen Verkäufer häufig zu schnell zum Kern der Sache, dem Produkt, den angebotenen und durchaus außergewöhnlichen Leistungen. Was also machen, ...

... wenn der Blickkontakt fehlt

Im LiveCoaching beobachte ich immer wieder, wie allein durch mangelnden Blickkontakt oder Unruhe im Blick große Chancen vergeben werden. Zugegeben: Spätestens dann, wenn Verkäufer das Angebot mehr als einer Person unterbreiten müssen, kommen diese in einen Gewissenskonflikt: Einerseits möchte man alle Gesprächspartner im Auge haben, andererseits will man natürlich vermeiden, den Kopf wie bei einem Tennismatch hin und her zu drehen. Aus dieser Zwickmühle heraus machen viele Verkäufer den

Fehler, sich schwerpunktmäßig nur auf eine Person zu konzentrieren – oder sie lassen ihren Blick undefiniert durch die Menge der Zuhörer schweifen. Dass so keine Begeisterung vermittelt werden kann, ist leicht nachzuvollziehen.

... NUR DU VERKAUFST!

Jedes Verkaufsgespräch besteht normalerweise aus inhaltlichen Informationseinheiten, die dem Kunden in kleinen Segmenten angeboten werden. Versierte Verkäufer suchen sich bei mehreren Gesprächspartnern für jede dieser Informationseinheiten ein Gegenüber aus, den sie direkt ansprechen. Beim Wechsel auf das nächste Thema folgt dann der Schwenk zum „nächsten Interessenten". So hat jeder das Gefühl, persönlich angesprochen und ausreichend betreut zu werden.

... wenn Präsentationstechnik alleine nicht verkauft

Da das Thema „Blickkontakt" im Verkaufsgespräch so wichtig ist, macht es Sinn, diesen Part bereits bei der grundsätzlichen Planung des Prozedere beim Kunden zu berücksichtigen. Natürlich ist es im Zeitalter von Computer und Internet verlockend, möglichst voll im Trend einen multimedialen Auftritt hinzulegen, um dem Kunden zu demonstrieren, wie modern und versiert man ist. Doch ist es im direkten Kontakt mit dem Kunden wirklich sinnvoll, ständig in eine Tastatur zu hämmern, nur um dann gemeinsam den meist recht kleinen Bildschirm eines Laptops zu fixieren? Der Blick des Kunden lässt sich nicht einfangen und aus seinem Gesicht lassen sich keine Reaktionen auf Worte und Angebote ablesen. Technische Hilfsmittel sollten also bedacht und sehr gezielt eingesetzt werden. Manchmal bietet sich eine Handskizze eher an und eine Liste von Pro- und Kontra-Argumenten kann man auf einem Block, gemeinsam mit dem Kunden, sowieso besser erstellen – zumal sich der Kunde dann in den Entscheidungsprozess viel stärker einbezogen fühlt – nennen wir es einfach: illustriertes Dialogisieren.

… wenn Vorführen statt vorfuchteln gefragt ist

Ein ganz typischer Begeisterungskiller lauert beim Umgang mit Mustern, Modellen, Produktbeispielen, Warenproben oder Vorführgeräten. Ich erlebe es immer wieder, dass spätestens nun die Bewegungen des Verkäufers hektisch und zu schnell werden und der Kunde seinen Ausführungen nur schwer folgen kann. Einmal abgesehen davon, ist es auch ziemlich unangenehm, wenn das Gegenüber plötzlich mit Stiften, Mustern oder Geräten herumfuchtelt, ohne dem Anderen die Chance zu geben, diese Dinge erst einmal in aller Ruhe zu betrachten. Oft geht mit dieser Unruhe in der Bewegung auch eine schnellere und aufgeregte Sprache einher, die zu einer noch stärkeren Verunsicherung des Käufers führt. Denn er interpretiert den unprofessionellen Umgang mit den gezeigten Produkten natürlich dahin gehend, dass die Ware nicht einfach zu bedienen oder schlichtweg schlecht ist. Nicht selten habe ich es auch in der Praxis erlebt, dass Verkäufer neue Produkte selber noch nicht richtig bedienen konnten und dann mit dem Kunden gemeinsam in eine Probierphase eingestiegen sind – das kann verheerende Folgen haben. Testen Sie also neue Produkte solange, bis Sie diese sicher vorstellen und bedienen können.

… wenn Vorsicht angesagt ist: Abstand halten!

Wissenschaftler haben schon vor langem festgestellt, dass jeder Mensch einen „persönlichen Raum“ besitzt, der etwa einen Radius von 70 Zentimetern um ihn herum ausmacht. Halten wir und der Gesprächspartner diesen Sicherheitsabstand ein, können wir ein Gespräch genießen; betritt jedoch jemand unerwünscht diesen Raum, fühlen wir uns unbewusst bedroht oder sogar körperlich belästigt – und treten meist einen Schritt zurück. Warum das so ist, wurde in zahlreichen Studien untersucht und hat vielfältige Gründe. Ein Faktor ist sicherlich die Funktionsfähigkeit der Augen: Bei einem dreiviertel Meter Abstand sind wir noch in der Lage, den Gesprächspartner in voller Größe zu erkennen, ohne mit den Augen zu wandern. Kommt er uns näher, haben wir ihn nicht mehr vollständig im

Blick und fühlen uns verunsichert. Zu große körperliche Nähe hat – sieht man einmal von Familie, Freundschaft oder Liebe ab – immer etwas Bedrohliches. Wer einem auf die Pelle rückt, fordert oder will etwas – und zwar etwas, was man selbst so nicht will! Man weicht zurück, nimmt eine ablehnende Haltung ein und beschließt instinktiv, mit diesem Menschen nur unwillig oder gar nicht zu kommunizieren. Für ein Verkaufsgespräch ist das natürlich fatal, trotzdem beobachte ich dieses Verkäuferverhalten immer wieder. Ganz gleich, ob im Einzelhandel oder im Verkaufsaußendienst – viele Verkäufer scheinen den persönlichen Raum des Kunden nicht zu kennen oder nicht akzeptieren zu wollen. Dabei ist es ganz einfach, auch wenn Sie nicht genau wissen, wie viel Abstand 70 Zentimeter ausmachen: Strecken Sie einfach Ihren Arm nach vorne aus (oder stellen Sie sich vor, es zu tun), wenn Sie dann das Gegenüber gerade noch nicht berühren, sind Sie auf der sicheren Seite.

Genau in diesen Momenten entgleiten vielen Verkäufern ihre Kunden – meist, ohne dass sie es überhaupt bemerken. Schuld daran ist ein zu schnelles Vorgehen. Das Material kann ruhig noch ein wenig warten! Viel wichtiger sind in den ersten Minuten all jene Worte, die auf dialoggesteuerter Ebene gewechselt werden. So lebt die Kommunikation und schafft eine ideale Voraussetzung für: ... NUR DU VERKAUFST!

2.7 Effizienz ausbauen

Effizienz ist das Verhältnis zwischen der erbrachten Leistung und dem dafür notwendigen Aufwand. In vielen Fällen ist für ein erfolgreiches Verkaufsgespräch nicht extrem viel Aufwand notwendig, man muss nur und zugleich allerdings den richtigen Aufwand betreiben. Leider jedoch sind viele Verkäufer nicht in der Lage, Ihre verkäuferische Leistung abrufbar zu gestalten beziehungsweise auf den Punkt zu bringen, wenn es darauf ankommt. Ähnlich wie im Leistungssport benötigt man die Fähigkeit, die Leistung punktgenau einzusetzen. Nicht zu viel (man hat ja heute noch weitere Verkaufsgespräche) und nicht zu wenig – die Dosierung zählt. Dazu muss man allerdings auch genau wissen, wie es um die eigene Leistungsstärke und Leistungsfähigkeit bestellt ist.

Wie effizient arbeiten Sie wirklich?

Manchmal braucht man als Verkäufer nicht gleich immer fertige Lösungen. Manchmal ist es viel wichtiger, einmal über bestimmte Punkte nachzudenken, zu reflektieren und dann vielleicht selbst das eine oder andere im eigenen Verhalten zu erkennen. Deshalb finden Sie an dieser Stelle nachdenkenswerte Fragen zum Thema Effizienz, die sie sich unbedingt einmal stellen sollten:

- Wie ist Ihr Verhältnis zwischen den geschriebenen Angeboten und den Aufträgen?
- Wie lange ist Ihre durchschnittliche Abschlusszeit, das heißt, wie lange benötigen Sie im Durchschnitt vom ersten Interessentenkontakt bis zum Auftrag?
- Wie viel Intensität investieren Sie in Ihre Verkaufsgespräche?
- Welchen Zeitpunkt wählen Sie für den Abschlussimpuls?
- Welches Potenzial hat Ihr Kunde wirklich?
- Wie adaptieren Sie Impulse aus bereits geführten Verkaufsgesprächen in zukünftige Verkaufsgespräche?

Wie schaffe ich es als Verkäufer, meine Effizienz zu steigern?

- Höchstmaß an Bereitschaft zur Leistungserhöhung und der damit verbundenen Effizienz
- Analyse der bereits gelaufenen Verkaufsprozesse
- Kontinuierliche Arbeit am „WIE" im Verkaufsprozess

- Begleitung durch Kollegen, Chef oder externen Coach
- Professionelle Nachbearbeitung von Verkaufsgesprächen

Viele Unternehmen versuchen erst an anderen Stellen im Unternehmen die Effizienz zu erhöhen. Die Stellschrauben werden oftmals zuerst an Produkten oder Prozessen verändert. Warum aber beginnt man bei den Produkten und den Prozessen und gibt erst dann den Mitarbeitern und Verkäufern die Gelegenheit, die eigene Effizienz zu steigern? Warum ist es einfacher, Produkte und Prozesse zu verändern, zu optimieren, effizienter zu gestalten? Leisten diese den geringsten Widerstand? Gut möglich! Grundsätzlich muss man aber auch beachten, dass die Effizienzsteigerungen bei Produkten oder Prozessen oftmals wesentlich kostenintensiver sind als die bei Mitarbeitern. Maschinen allerdings haben einen entscheidenden Vorteil: Sie bringen weniger Diskussionspotenzial mit.

Warum Ihr Verkaufserfolg der Zukunft heute beginnt

Ohne langfristige Geschäftsbeziehungen kann kein Verkäufer wirtschaftlich erfolgreich sein. Diese langfristigen Geschäftsbeziehungen allerdings entstehen aber meistens nicht von heute auf morgen. Hier gilt es, möglichst bald die richtigen Weichen zu stellen, entsprechende Vorkehrungen zu treffen. Wie aber schafft man als Verkäufer den Spagat zwischen all den geforderten Aufgaben? Wie klappen Stammkundenpflege und damit die Sicherung möglicher langfristiger Geschäftsbeziehungen und durchaus zeit- und arbeitsintensiver Beziehungsaufbau bei Neukunden? Am besten setzt man sich in diesem Bereich selbst etwas unter Zugzwang, das heißt, je genauer ich mir konkrete Zeiten und Ziele stecke, umso mehr werde ich daran arbeiten, diese auch zu erreichen. Ob es nun jede Woche drei Neukunden sind, am Stück 3 Stunden Neukundenakquise oder 3 mal 1 Stunde – feste Zeitfenster haben sich bewährt und nehmen jeden Verkäufer in die Pflicht. Aufgabe des Vertriebsleiters oder Unternehmers ist es dann, diese Verpflichtung des Mitarbeiters zu überprüfen. Jeder Mitarbeiter muss mit Adressen, Berichten oder über das CRM-System nachweisen, dass er Neukundenakquise gemacht hat. Diese verbindliche Devise bringt ein Vertriebsteam ein enormes Stück nach vorne und sichert schon heute den Verkaufserfolg der Zukunft.

Doch die Realität zeigt, dass das Implementieren von verkaufsstrategischen Prozessen, die eine oder andere Aussage eines Verkäufers zum Thema aufflammen lässt:

„Die letzten Jahre ging das mit den Kunden von ganz alleine ...“

... und jetzt darf der Verkäufer endlich auch einmal etwas tun, damit der Kunde ins Unternehmen kommt. Der Verkäufer ist gefordert! Merkt er es aber gerade erst jetzt, dass die Kunden nicht mehr von alleine kommen, muss der Verkäufer unter diesem Druck, den er akut hat, neue Kunden gewinnen. Einfacher ist dies, wenn ich aus einer sicheren Position heraus in einem Prozess bin, in dem ich noch gute Kunden habe, durchaus auch noch Kunden zu mir kommen und ich einfach nur dazu akquiriere. Unter Druck fällt die Leistung. Und je höher der Druck, umso mehr wird auch die Leistungsfähigkeit fallen.

„Die Kunden bekommen sowie schon jeden Tag so viele Anrufe ...“

... und jetzt soll ich auch noch anrufen? Natürlich! Es war schon immer so und wird immer so sein, dass Einkäufer von vielen Verkäufern angerufen werden. Und natürlich führt die allgemeine Informationsvielfalt zu einer Reizüberflutung, der alle Menschen und speziell auch Einkäufer ausgesetzt sind. Verständlich, dass diese logischerweise eine Barriere aufbauen und vielleicht auch einmal gereizt reagieren. Allerdings trennt sich bei den Verkäufern genau an dieser Stelle die Spreu vom Weizen. Denn es wird nur der Verkäufer durchkommen – sowohl zum verantwortlichen Ansprechpartner als auch dort mit seinen Angeboten, der wirklich gut (trainiert) ist, der es schafft, Spannung aufzubauen, indem er insbesondere auch den Verkaufsprozess ein Stück weit anders gestaltet als alle anderen.

„Alles ist einfach immer zu ähnlich ..."

... wie soll ich mich da von den Anderen unterscheiden? Tatsächlich ist es so, dass alle Anrufe und Besuche, die ein Interessent tagtäglich erhält, immer wieder nach einem ähnlichen, wenn nicht sogar vollkommen gleichen Strickmuster ablaufen. Das ist wie bei einem Personalchef, der tagtäglich Bewerbungsunterlagen bekommt. Diese sind in der Schnittmenge zu 90 bis 95 Prozent alle gleich aufgebaut: Blaue Mappe, Anschreiben, Lebenslauf, Zeugnisse etc. Hat sich der Personalchef im Laufe seiner Karriere erst einmal 500 gleiche Bewerbungen angesehen, wird es verständlicherweise irgendwann langweilig. Fällt dann aber einmal eine Bewerbung tatsächlich ein Stück weit aus dem Rahmen, wird sofort die Spannung erhöht und der Personalchef wird sich freuen, diese Bewerbung zu lesen. Parallel sollte also auch der Verkäufer ständig überlegen und daran arbeiten, seine Verkaufsprozesse neu und anders zu gestalten. Dazu muss er allerdings vorab in der Lage sein, sich einmal ein Stück weit selbst zu beobachten, seine eigenen Prozesse zu durchleuchten – Selbstreflektion und Ist-Analyse. Wo stehen Sie überhaupt aktuell?

„Wir haben ja nicht trainiert, weil man immer so durchgekommen ist durch den Verkaufsprozess ..."

... und jetzt sollen wir plötzlich etwas ändern und an uns arbeiten? Richtig! Weil jetzt auch Verkäufer endlich selbst merken, dass sie ein konditionelles Defizit haben. Also ran an die Gesprächspartner und eifrig trainiert. Die Zeiten, in denen man einfach so durch den Verkaufsprozess gekommen ist, sind längst vorbei.

„Kunden bringen uns aus unserem Konzept ..."

... was können wir dagegen nur tun? Tatsache ist: Lässt sich ein Verkäufer aus seinem Verkaufskonzept bringen, ist eine Ursache oft ebenfalls seine mangelnde Kondition. Er hat deshalb weder die Fertigkeiten noch die Fähigkeiten, Konzepte wieder auf die Bahn zurück zu bringen.

„Man ist einfach zu stark auf den Abschluss fokussiert ..."

... und dieser Druck macht uns täglich mehr zu schaffen. Viele Verkäufer stehen tatsächlich unter einem enorm hohen Erfolgsdruck. Geforderte Umsatzzahlen treiben ihn in eine extrem starke Abschlussfokussierung. Bei aller zielgenauen Ausrichtung auf den logischen Abschluss und meiner klaren Forderung, den Kunden konsequent zum Abschluss zu führen, darf man natürlich die vorher sinnvollen Bereiche im Verkaufsprozess, wie die Bedarfsklärung oder das Schaffen einer angenehmen Gesprächsatmosphäre, auf keinen Fall vernachlässigen. Legen Verkäufer den Fokus viel zu weit nach hinten, gehen natürlich die Dinge, die im Vorfeld des Verkaufsgespräches laufen sollten, oftmals verloren oder geraten aus dem Blickwinkel. Manche Verkäufer sind aber auch produkt- oder präsentationsfokussiert. Erkennt dies ein Einkäufer, kann er den Verkäufer in eine bestimmte Richtung führen, aus der dieser vielleicht nicht mehr heraus kommt. Bewegt sich der Verkäufer auf der WAS-Ebene, kommt dies dem Einkäufer sehr entgegen und die Schlinge zieht sich für den Verkäufer immer weiter zu. Verkäufer sollten also dafür sorgen, dass sie sich mit wenigen Impulsen auf der WAS-Ebene bewegen und überwiegend auf der WIE-Ebene bleiben oder zumindest schnellstmöglich dorthin zurückzukehren.

Wirkungsebenen im Verkauf: Unternehmen – Vertrieb – Kunde

Im Verkauf betrachtet man oft nur zwei Perspektiven: Die des Verkäufers und die des Kunden. Dabei gibt es noch einige mehr: Das Unternehmen des Verkäufers, die Entwicklungsabteilung, die eine für den Kunden benötigte

Maschine konstruiert, die Zulieferer, die Logistik, die Waren zum Kunden liefert, auf der einen Seite, aber auch das Unternehmen des Kunden, dessen Produktionsleitung, unter deren Führung die Maschine zum Einsatz kommt, auch hier der Vertrieb und das Marketing. All diese Wirkungsebenen beeinflussen bestimmte Entscheidungen. Und in einigen dieser Wirkungsebenen muss sowohl der Verkäufer als auch der Kunde seine Entscheidung rechtfertigen. Der Unternehmer will, dass der Vertrieb die Ware verkauft – zu einer möglichst guten Marge und in einer hohen Stückzahl. Dem Vertrieb ist der Aufbau einer langfristigen Kundenbeziehung wichtig, um nachhaltig für Umsatz zu sorgen. Der Einkauf des anderen Unternehmens will seinen Bedarf natürlich zu möglichst günstigen Konditionen decken, wobei darunter – besonders für die betreffenden Abteilungen – natürlich die Qualität nicht leiden darf. Sie merken schon: Die Ansprüche sind vielfältig und nicht immer leicht unter einen Hut zu bringen. Genau aus diesem Grund gibt es Verkäufer und Einkäufer, die die Wünsche ihrer internen Kunden herausfinden und befriedigen können – aber nur dann, wenn sie es schaffen, konstruktiv zu kommunizieren und eine gute Lösung für beide Seiten zu erarbeiten. Erfahren Sie in den folgenden Kapiteln, wie Sie den Mut und den Willen dazu ausbauen können, damit der Verkauf/Einkauf nicht nur gelingt, sondern zum Erfolg führt.

3. Mehr Wille – Verkaufen ist kein Glücksfall!

Verkäufer wissen heute mehr denn je, kennen jede Verkaufstechnik und normalerweise auch die „Tricks" der Einkäufer und Kunden. Und doch kommt es in der Verkaufspraxis immer wieder vor, dass Verkäufer im Gespräch im übertragenen Sinne plötzlich nach Luft schnappen, dass sie rhetorisch und kommunikativ nicht ausreichend schnell und schlagfertig genug sind. Einen Einwand können sie vielleicht noch entkräften, stoßen sie wiederholt auf Widerstände, ziehen sie sich schnell erschöpft aus dem Verkaufsgespräch zurück. Es fehlt ihnen an Kondition! Sportlern, die nicht regelmäßig trainieren, geht irgendwann im Spiel oder Wettkampf die Luft aus. Dabei ist Technik nur das eine, um diese auch anwenden zu können, bedarf es einer guten Kondition. Die konditionelle Basis benötigen auch Verkäufer, wollen sie jeden Aufschwung möglichst gut nutzen, um endlich wieder mehr Aufträge abzuschließen und Umsatz zu tätigen. Sind Sie den täglichen Herausforderungen im Verkauf konditionell gewachsen? Oder schnappen Sie öfter einmal nach Luft? In diesem Kapitel lesen Sie, wie sich mangelnde Beharrlichkeit auf Ihren Umsatz und Erfolg auswirkt.

3.1 Sie sind, was Sie denken!

Lassen Sie uns über Glück sprechen! Oft hören wir: „Da hast du aber Glück gehabt!" oder: „Diesen Auftrag hat er nur einem glücklichen Zufall zu verdanken!". Glück hin oder her – es gibt schließlich auch den alten Spruch: „Jeder ist seines Glückes Schmied!" Glück ist erstens etwas sehr Subjektives und zudem oft nur eine Bezeichnung für etwas, das man erreicht hat oder bekommt, ohne vermeintlich etwas dafür getan zu haben. Viele laufen dem Glück hinterher oder hoffen, es irgendwann einmal genießen zu können, wenn sie dieses oder jenes geschafft haben. Verkaufen ist kein Glücksfall, so viel steht fest. Nur wer den absoluten Willen hat und auch bereit ist, durch Training und Leistungsbereitschaft seinem Glück auf die Sprünge zu helfen, wird dieses und damit den erstrebten Verkaufserfolg auch erreichen.

Fremdgesteuerte Beschäftigungstherapie

Bei aller guter Absicht, die Verkäufer hinsichtlich Ihres Willens an den Tag legen, sind Sie einem vermeintlichen Dilemma ausgesetzt: Verkäufer sind oftmals fremdgesteuert. Sie sind oftmals viel zu sehr damit beschäftigt, zu beobachten, was andere tun, darüber nachzudenken, was die Konkurrenz macht. Genau aus diesem Grund sind sie nicht immer in der Lage, konzentriert zu verkaufen. Jetzt liegt es am einzelnen Verkäufer, sich seine Zeit bewusst einzuteilen, damit er nicht das machen muss, was ihm von Anderen (scheinbar) auferlegt wird.

Wenn die Konkurrenz mit Boni punktet

Viele Verkäufer beschäftigen sich mit dem Drumherum im Verkauf deutlich mehr als mit dem eigentlichen Verkaufsprozess. Denn eines ist klar: Auf den Verkäufer strömen tatsächlich sehr viele Einflüsse ein, die er in seinen Verkaufsprozess einbinden muss. Aber bleiben wir einfach noch bei dem gerade angeschnittenen Thema Konkurrenz oder Konkurrenzbeobachtung. Hierzu ein praktisches Beispiel:

Die Vertriebsmitarbeiter eines Unternehmens bemerken, dass die Konkurrenz eine Bonusaktion anbietet. Kauft der Kunde eine bestimmte Menge an Produkten, bekommt er kostenlos einen Modellhubschrauber dazu. Ab diesem Moment denken die Mitarbeiter natürlich sehr stark und immer wieder über diese Aktion des Wettbewerbers nach. Im ersten Moment natürlich verständlicherweise, haben sie schließlich keine solche Bonusaktion und fühlen sich gegenüber der Konkurrenz benachteiligt. „So können DIE natürlich viel mehr verkaufen!“, „Wie sollen wir denn unsere Kunden überzeugen, bei uns zu kaufen, wenn wir ihnen keinen Bonusartikel anbieten können?“

Fakt ist: In diesem Moment kann der andere Verkäufer dem Kunden einen Mehrwert anbieten! Fakt ist aber auch: Sich nur damit zu beschäftigen (und sich darüber zu ärgern beziehungsweise dies als Ausrede zu verwenden, warum man selbst nicht mehr verkauft), dass der Andere das hat und man selbst nicht, hilft nicht wirklich im Verkaufsprozess. Denken die Verkäufer immer mehr darüber nach, was sie machen, wie sie das Ganze entkräften können, verlieren sie dadurch den Fokus auf die Gestaltung und die Kreativität beim eigenen Verkaufsgespräch.

Immer wenn sie zum Kunden gehen, erwarten sie schon, dass dieser zu ihnen sagt: „Und was gibt es denn bei euch mit dazu?" „... NUR DU VERKAUFST" bedeutet also auch, diese fremdgesteuerte Beschäftigungstherapie schnellstens abzubrechen und sich auf die eigenen Stärken zu besinnen. Der Fokus sollte also eher auf der Frage liegen: „Was mache ich?" statt: „Was machen die Anderen?" Stellen Sie Ihrem Kunden in solch einem Fall ruhig einmal folgende Frage: „Wie bewerten Sie denn solche einmaligen Bonusartikel?" oder „Was ist denn Ihre Motivation, einen solchen Bonusartikel zu erwerben?"

Sie wissen doch genauso gut wie ich: Meistens halten diese Bonusartikel nicht, was sie versprechen. Der Modellhubschrauber stürzt manchmal schneller ab als man denkt. Und manchmal überbieten sich Unternehmen mit derartigen Aktionen in einem solch großen Ausmaß, dass es Ihrem Kunden vielleicht sogar positiv auffällt, wenn Sie sich bewusst dagegen entscheiden und ihn lieber durch ein dauerhaft faires Leistungsverhältnis begeistern. Schließlich muss diese Boni ja auch irgendwer bezahlen, oder?

Alles, was den aktiven Verkauf bremst

Ich hatte gerade bereits die vielfältigen Einflüsse auf den modernen Verkäufer angesprochen. Auch diese spielen bei der fremdgesteuerten Beschäftigungstherapie eine große Rolle. Verkäufer bekommen viele E-Mails und schreiben auch viele E-Mails. Newsletter und der geforderte Umgang mit den Social-Network-Plattformen tun ein Übriges dazu, dass vom Verkäufer sehr viel Zeit für derartige Aktivitäten aufgebracht werden muss. Umgekehrt geht diese Zeit natürlich für persönliche Gespräche verloren. Vielleicht denken Sie auch einmal bewusst darüber nach, ob eine Kommunikation via E-Mail immer die richtige ist. Gedacht, um Zeit zu sparen (gegenüber dem Postweg), ist es trotz allem manchmal ein enormer Zeitaufwand, eine E-Mail mit all ihren Anliegen überhaupt zu formulieren. Und bis dann das Feedback auf eine E-Mail kommt, dauert es auch noch einmal eine gewisse Zeit. Mein Tipp: Nehmen Sie doch lieber einmal (mehr) den Hörer in die Hand und rufen sie Ihren Kunden an. Sie können sehr viel schneller und individueller in eine Kommunikation einsteigen und bekommen innerhalb kürzester Zeit die benötigten Informationen und ein direktes Feedback.

Ähnliches stelle ich zum Beispiel auch bei der Kommunikation zwischen Innen- und Außendienst häufig fest: Da werden seitenlange E-Mails geschrieben, unendlich lange Sachverhalte schriftlich diskutiert. Das alles hält Verkäufer davon ab, mehr wertvolle Zeit mit ihren Kunden zu verbringen, mehr Gespräche zu führen, mehr zu verkaufen. Informationen, die an den Außendienst gehen, sollten also möglichst kurz, bündig und final gehalten sein. Der Innendienst sollte immer unter der Prämisse kommunizieren: Der Außendienst, also der Verkäufer, muss verkaufen.

Berichte und ihre Sinnhaftigkeit

Für Verkäufer steht es täglich auf der Tagesordnung: Berichte schreiben. Vom Unternehmen werden dazu feste Vorgaben gemacht, welche Informationen – je mehr desto besser – sie zu welchem Kunden bringen müssen. Interessant ist, dass diese in vielen Fällen im Unternehmen sowieso niemand liest oder auswertet. Hier wäre es sinnvoller, mit einem zielgenauen CRM-System zu arbeiten, in dem das Unternehmen detaillierte Vorgaben macht, welche Informationen tatsächlich wichtig sind. Es geht weder darum, den Verkäufer zu beschäftigen, noch zu kontrollieren beziehungsweise den Verkäufer unbedingt immer nachweisen zu lassen, wann er was wann, wie und wo gemacht hat. Wenn das Unternehmen den Verkäufer schon dazu bewegt, Daten zu sammeln, dann müssen diese wirklich zielgenau sein. Die Zahlen müssen das Unternehmen dementsprechend weiterbringen und der Verkäufer braucht ein regelmäßiges Feedback, welche Auswertungen gemacht wurden und welche Auswirkungen diese auf seine tägliche Arbeit oder den Verkaufs- und Unternehmenserfolg haben.

Lassen Sie als Unternehmer oder Vertriebsleiter Ihren Verkäufer erkennen, warum welche Informationen für Sie von Interesse sind. Manchmal ist es auch durchaus sinnvoll, diese gemeinsam mit dem Verkaufsteam herauszuarbeiten, um eine hohe Akzeptanz zu bewirken. Welche Informationen benötigen wir, das Unternehmen, um die Kundenbindung zu erhöhen? Möglichkeiten bietet hier zum Beispiel ein Multiple-Choice-Verfahren an, bei dem zu einer Frage mehrere mögliche vorformulierte Antworten zur Verfügung stehen. Oder Systeme, bei denen mit wenigen einfachen Worten Sachverhalte schnell erfasst werden können. Nur so können Verkäufer immer unter der Prämisse handeln, ihre Zeit zu nutzen, um zu verkaufen und nicht, um irgendwelche schriftliche Ausarbeitungen durchzuführen.

Klassische Erfolgsverhinderer im Verkaufsprozess

Leider ist es in einigen Fällen so, dass Verkäufer sich hinter den genannten Dingen regelrecht verstecken. Oftmals benennen sie dann all diese Gründe (Bonus des Wettbewerbs, unnötige Berichte und anderes), warum sie nichts verkaufen konnten. Sie schieben alles Drumherum vor, um nicht zugeben zu müssen, dass es vielleicht auch an ihnen selbst liegen könnte. Am eigenen ungenügenden Durchhaltevermögen, am fehlenden Willen, am Mangel an Trainingseinheiten. Im Telefonmarketing zum Beispiel nennen mir meine Kunden immer wieder solche Erfolgsverhinderer. Das heißt, dass die Verkäufer sich mit allem anderen und möglichen beschäftigen (und plötzlich kommen die ansonsten verhassten Berichte ganz recht), um ja nicht zum Telefon greifen und verkaufen zu müssen.

3.2 Kondition erarbeiten

Aus dem Sport wissen Sie sicher: Es gibt Langstreckenläufer und Sprinter. Doch eines ist, unabhängig davon, ob Sportler nun das Eine oder das Andere bevorzugen, gleich: Ohne Kondition lässt sich weder im einen noch im anderen ein Sieg erzielen. Sportliche Kondition setzt sich zusammen aus dem Leistungsvermögen, das zum Teil genetisch bedingt ist, bezüglich Kraft, Schnelligkeit, Beweglichkeit und Ausdauer – auch wenn wir Kondition fälschlicherweise oft nur mit dem letzteren in Verbindung bringen. Auch Verkäufer brauchen diese Kondition, brauchen Kraft, Schnelligkeit, (geistige) Beweglichkeit und Ausdauer, um den täglichen Herausforderungen im Verkauf und im Umgang mit Kunden gewachsen zu sein.

Um Kondition aufzubauen, benutzen Sportler verschiedene Trainingsformen: Ausdauer, Kraft, Fitness können unterschiedlich gesteigert werden. Auch im Verkauf gibt es unterschiedliche Trainingsmittel und sinnvolle Trainingsmaßnahmen. Wer es übertreibt, wird dabei ebenso wenig Erfolg haben wie jemand, der zu wenig trainiert. Um Energie zu gewinnen und diese zum Bedarfszeitpunkt auch abrufbereit zu haben, sind ein schrittweises Vorgehen und ein individueller Trainingsplan sicher sinnvoll. Wer zum Beispiel in einer Laufgruppe nur mithalten kann, wenn er sich ständig am Limit bewegt, wird keinen Trainingserfolg verzeichnen. Wer in einer Verkaufsmannschaft ständig nur den Besseren hinterher hechelt, wird keinen eigenen Erfolgsrhythmus finden.

Erfolgreich dagegen ist ein modulares Training, in dem Step by Step das eigene Verkaufslevel erhöht wird. Sinnvoll sind dabei gestaffelte aktive Trainings- und Umsetzungsphasen. Immer wieder kann so das Gelernte angewandt werden. Am schnellsten können Verkäufer ihre Kondition steigern, indem sie mit einem Trainer arbeiten. Ein solch individuelles Coaching hilft dabei, zielgenau die Verkaufsmuskeln zu trainieren, um sowohl im Verkaufssprint als auch auf der Verkaufslangstrecke eine gute Figur zu machen.

Eines muss Ihnen klar sein: Training hilft nur dann, wenn es dauerhaft ist. Auch wenn Sportler im Hinblick auf einen anstehenden Wettkampf ihre Trainingsintensität steigern, trainieren sie immer. Eine Spezialisierung im Verlauf sowie der Wechsel zwischen Reiz und Regeneration eröffnet auch Ihnen im Verkauf das größte Erfolgspotenzial.

Trainiert wird vor dem Spiel!

Natürlich werden Verkäufer in der Zukunft mit wechselnden Gegebenheiten rechnen müssen: Das Abschlussverhalten hat sich in vielen Branchen verändert, der Kampf um die wenigen kaufwilligen Kunden ist anspruchsvoller geworden und die Angst, selbst den Job zu verlieren, zerrt an den Nerven. So geschwächt müssen sich Verkäufer aber gerade jetzt die Frage stellen:

- Wie viel Kondition habe ich für die Zukunft überhaupt?
- Wie gut bin ich darauf vorbereitet?
- In wie weit bin ich dem, was kommt, gewachsen?
- Wie bin ich für meine Verkäuferzukunft aufgestellt?

Wie beim privaten Hobby-Sportler hilft es allerdings wenig, nur darüber nachzudenken und davon zu reden, einmal wieder etwas zu tun. Erst durch die tatsächliche Umsetzung, die tägliche Praxis lässt sich das konditionelle Level steigern.

Was machen viele Verkäufer an dieser Stelle? Sie sagen: Aber ich bin doch ständig bei Kunden, spreche mit ihnen und schule so meine Kondition! Weit gefehlt – schließlich trainieren Sportler ja auch nicht während des Spiels. Bereits lange vor einem Wettkampf und immer wieder dazwischen werden unzählige Trainingseinheiten absolviert. Für den Verkäufer bedeutet dies:

... NUR DU VERKAUFST!

Training findet niemals während des Verkaufsgespräches statt, es muss vorher und nachher und damit auch zwischendurch passieren.

Vier Trainingseinheiten für mehr Verkaufs-Kondition

Verkaufen ist Hochleistungssport! Und kein guter Sportler schafft diese Herausforderung ohne Trainer. Auch wir nehmen uns im Fitnessstudio einen Trainer, haben Tennis- oder Golfstunden, in denen ein Trainer uns dabei hilft, unser Handicap zu verbessern. Manche Menschen haben einen Ernährungsberater, Paare gehen zum Eheberater und wenn es uns persönlich schlecht geht, wird schon mal ein Psychologe zu Rate gezogen. Privat investieren wir in Trainer, die uns dabei helfen sollen, glücklicher und gesünder zu werden. Doch wie sieht es im beruflichen Umfeld aus? Können wir als Verkäufer mit unseren trainierten und konditionell oft besser gestellten Kunden in Zukunft noch mithalten? Folgende vier Trainingseinheiten helfen Verkäufern dabei, konditionell aufzuholen:

1. Trainer helfen beim Training

Manchmal stehen wir uns selbst im Weg und merken es nicht einmal. Wie auch? Wir können ja schlecht mal eben aus unserem Körper schlüpfen und uns dabei beobachten, wie wir mit unseren Kunden kommunizieren, wie wir uns verhalten. Erfahrungsgemäß ist der Unterschied zwischen Eigen- und Fremdwahrnehmung jedoch enorm. An dieser Stelle kann ein Trainer zum Beispiel in Form eines persönlichen Coachs, gute Dienste leisten. Er wird nicht nur beobachten, sondern uns an unsere Leistungsgrenzen und manchmal auch darüber hinaus führen. Viele Verkäufer ärgern sich nach einem fehlgeschlagenen Verkaufsgespräch, sitzen im Auto, resignieren und haben nur noch wenig Motivation, weiter zu machen. Wie sieht es in einer vergleichbaren Situation im Sport aus? Natürlich sitzen auch Fußballspieler ähnlich frustriert in der Kabine, wenn sie die erste Halbzeit (oder sogar das komplette Spiel) verloren haben – allerdings nicht alleine, denn der Trainer ist bei ihnen. Er „tröstet", spornt an, kritisiert und motiviert. Schon während des Spiels analysiert er (wie der Coach beim Verkaufsgesprächs) die Vorgänge, wertet Stärken und Schwächen der eigenen Spieler, aber auch der gegnerischen Mannschaft aus. Unmittelbar nach dem Spiel wird diese Analyse gemeinsam besprochen, Tiefschläge ausgeglichen und eine neue Strategie festgelegt. Nicht zuletzt achtet ein Trainer auch darauf, dass der Sportler seine Regenerationsphasen einhält, diese jedoch nicht zu lange andauern.

2. Hilfsmittel nutzen

Sportler trainieren einzelne Sequenzen unzählige Male, bevor sie einmal im Spiel oder Wettkampf zeigen, wie gut sie sind. Im Verkauf ist das Verhältnis bestenfalls genau umgekehrt: Verkäufer führen fünfzig Kundengespräche und trainieren, wenn überhaupt, einmal dafür. Dabei wäre es so einfach: Bücher, Hörbücher, DVDs, Newsletter, Verkäufermagazine und -zeitschriften – täglich stehen uns unendlich viele Möglichkeiten offen, in ganz bestimmten Bereichen besser zu werden. Vorausgesetzt, wir nutzen diese auch. Ob wir mit Kollegen einmal Übungsgespräche führen oder einfach das Diktiergerät nutzen, jede Möglichkeit, außerhalb der Kundengespräche, ist hilfreich, unsere Kondition zu stärken. Bei Kunden unterwegs zu sein, ist kein Training, sondern heißt nur, dass wir genau dann unser vorher antrainiertes Wissen und Können abrufbereit haben müssen.

3. Fleiß und Ausdauer siegen

Um bei nationalen Meisterschaften oder internationalen Turnieren seine Bestform zu zeigen, legen Sportler ein enormes Maß an Fleiß, Ausdauer und Wille an den Tag. Parallel dazu machen sie Krafttraining und gehen mental die bereits absolvierten und bevorstehenden Wettkämpfe durch. Die

Konzentration darauf, besser zu werden und zu sein als andere, lässt den Sportler ausdauernd trainieren. Auch Verkäufer sollten jeden Tag aufs Neue an die Arbeit vom Vortag anknüpfen. Und wie beim Spitzensportler besteht das Training im Verkauf nicht in der Tätigkeit an sich, sondern aus vielen anderen Facetten. Erfolg hat im Verkauf also nur, wer die Leistung, die er täglich auf den Punkt bringen muss, dazwischen ständig intensiviert und dadurch optimiert.

4. Auf Augenhöhe sein

Beherrscht ein Fußballspieler die Manndeckung, hat der Gegner keine Chance. Viele Verkäufer dagegen sind vom Kunden oft viel zu weit entfernt. Natürlich muss man es erst einmal lernen, auf den Kunden zuzugehen, ihn etwas enger zu decken. Nicht, um ihn zu bedrängen, sondern um keinem Mitbewerber die Möglichkeit zu geben, näher als man selbst an den Kunden heranzukommen. Auf Augenhöhe und konditionell am Ball zu bleiben, wenn der Kunde losläuft, heißt, das Wissen, das man ohnehin hat, letztendlich auch auf das Spielfeld zu bringen. Holen Sie sich gemeinsam mit ihrem Kunden den Pokal!

3.3 Ausdauer beweisen

Lange Jahre im Verkauf ... das kann irgendwann zur Langeweile führen ... merkt der Kunde! Ausdauer baut man zwar immer mit ähnlichen Übungen auf, wie man diese allerdings im Verkauf dann anwendet, ist sehr unterschiedlich. Zumal niemals der Prozess, sondern immer der Mensch (Verkäufer und Kunde) im Mittelpunkt steht und dadurch jedes Treffen, jedes Gespräch aufgrund der jeweiligen Tagesform immer wieder neu und spannend ist und bleibt. Ausdauer erfüllt nicht nur im Sport, sondern auch im Verkauf eine Reihe von Funktionen: Ausdauer befähigt einen Menschen, eine gewählte Intensität über einen längeren Zeitraum beizubehalten.

Das heißt, Sie werden widerstandsfähiger gegen Ermüdung (im Sport eher körperlicher, im Verkauf geistiger Art) oder können sich nach der Belastung (sprich zum Beispiel nach einem besonders anstrengenden und intensiven Verkaufsgespräch) schneller regenerieren. Ihre Ausdauerfähigkeit ermöglicht Ihnen, länger durchzuhalten als Ihre Konkurrenz. Sie gewinnen wertvolle Zeit. Für weitere Gespräche und für Ihren wohlverdienten Feierabend. Das wäre doch etwas, oder?

Schaffen Sie sich Akquise-Inseln

Gerade im Bereich der Telefonakquise fällt es vielen Verkäufern schwer, konditionell durchzuhalten, geschweige denn Ausdauer zu beweisen. Gerade dort gilt aber auch: Training macht den Meister! Oder besser gesagt: Regelmäßiges Training macht den Meister! Deshalb habe ich hier einen konkreten Trainingstipp für Sie: Schaffen Sie sich Akquise-Inseln! Bestimmen Sie ganz bewusst Zeitfenster, in denen Sie zum Beispiel ausschließlich Telefonakquise durchführen. Nehmen Sie sich dieses Zeitfenster nicht, wird es immer andere Dinge geben, die spannender sind, die Sie vorschieben können. Akquise ist für viele Verkäufer leider immer noch ein notwendiges Übel. Umso wichtiger ist es, genau hier Kondition aufzubauen. Aber wie mache ich so etwas in einem Unternehmen?

Akquise-Inseln lassen sich gut in einen Prozess einbinden. Erstellen Sie zum Beispiel ein Raster mit Ihren aktuellen Arbeitszeiten. In dieses Raster tragen Sie als erstes ein, welche Zeiträume fest vergeben sind, zum Beispiel für das Außendienstmeeting, Besprechung mit der Entwicklung, Kundenbesuchszeiten. Dann tragen Sie sich jeweils für die kommende Woche eine feste Akquise-Insel ein, das heißt, wann Sie genau telefonieren. Ein praktisches Beispiel dazu: Einer meiner Kunden, ein Verkaufsleiter eines mittelständischen Unternehmens, hat mit seinen Verkäufern folgende Vereinbarung getroffen: Immer in der laufenden Woche bis freitags um 12.00 Uhr, muss ihm diese Ausarbeitung vorliegen. So sieht er für die nächste

Woche, wann welcher Mitarbeiter Akquisezeiten eingeplant hat. Ab diesem Zeitpunkt kann sich auch niemand mehr herausreden, weil jeder durch das Eintragen und die Bekanntgabe seiner Akquisezeiten eine Vereinbarung eingeht – nicht mehr nur mit sich selbst, sondern in diesem Fall auch mit seinem Chef. Die Verbindlichkeit wird erhöht und der Verkäufer signalisiert so ein Stück weit: Wenn ich es aufgeschrieben habe, muss ich es jetzt auch umsetzen.

Je nach Arbeitsweise gibt es Unternehmen, die ihren Mitarbeitern für diese Akquise-Inseln sogar einen eigenen Raum zur Verfügung stellen. Losgelöst vom eigenen Arbeitsumfeld und nicht abgelenkt durch irgendwelche Vorgänge auf dem eigenen Schreibtisch, kann der Verkäufer so hoch konzentriert Akquise betreiben. Einen weiteren Vorteil hat dieses Vorgehen auch noch: Bei einer zeitlichen Vorgabe weiß man ganz genau, dass in dieser Woche pro Mitarbeiter zum Beispiel mindestens vier Stunden telefoniert werden. In einer Hochrechnung ergibt dies natürlich auch interessante Zahlen für das Unternehmen: Bei zehn Mitarbeitern zu je vier Stunden macht das immerhin vierzig Stunden in der Woche und 160 Akquisestunden im Monat. Wenn das nicht heißt: ... NUR DU VERKAUFST!

3.4 Warum sich Fleiß immer noch auszahlt

Mit Biss ist die Kombination aus Fleiß und Ausdauer gemeint, die den Top-Seller von der Masse der Verkäufer abhebt. Erfolgreiche Verkäufer sind überdurchschnittlich fleißig, wenn es um Wissen und Weiterbildung in ganz unterschiedlichen Bereichen geht. Besonders sorgfältig kümmern sich gute Verkäufer auch um die Kunden selbst – nicht nur im Gespräch vor Ort, sondern vor allem auch am Schreibtisch vor und nach der eigentlichen Verkaufssituation. Denn sie wissen ganz genau: Nur wer den Kunden tatsächlich kennt, wird ihm etwas verkaufen. Und das gilt für jeden Verkäufer. Wer im Verkauf also ehrliche Leidenschaft für seinen Beruf mitbringt, erlebt Fleiß als etwas Sinnvolles, Kreatives und vor allem Wertvolles und hat im entscheidenden Moment den Mut, von der Ausdauer zum Biss zu kommen, den Abschluss zu machen und damit das zu erfüllen, was seine Aufgabe ist: Verkaufen!

Nur eigene Aktivität bringt den lohnenden Umsatz

„Ich bin der schlechteste Verkäufer der Welt – darum muss ich es den Kunden einfach machen, bei mir zu kaufen!“ Mit der Einstellung eröffnete ein Verkäufer 1879 sein erstes Kaufhaus, in dem er die Waren mit Fixpreisen öffentlich präsentierte. Damals war es üblich, die Waren auf Anfrage aus versteckten Regalen hervorzuziehen. Als er starb, war Franklin Winfield Woolworths (1852 bis 1919) Ladenkette schon auf rund 600 Filialen gewachsen. Der amerikanische Kaufhausgründer wusste eines: Es ist wichtig, dem Kunden nicht nur zu zeigen, was man hat, sondern auch, ihm Mühe und Arbeit abzunehmen und aktiv „dranzubleiben“. Auf die heutige Zeit bezogen heißt das, dass erfolgreiche Verkäufer konsequent nachfassen müssen, um sich Rückmeldungen der Kunden einzuholen: Eine Voraussetzung für erfolgreiche Vertragsabschlüsse.

Fünf Tipps zum konsequenten Nachfassen und Dranbleiben am Kunden

Die Branche, in der Sie tätig sind, spielt beim erfolgreichen Verkaufen keine Rolle, ebenso wenig wie Ihre Klientel. Egal, ob Sie im B-to-B-Geschäft, im Telefonverkauf oder im B-to-C-Bereich aktiv, im Außendienst oder als Einzelkämpfer für die eigene Firma unterwegs sind oder selbstständig – die Anforderungen sind stets die gleichen. Ganz wichtig für den Erfolg ist eine Grundregel: Reagieren Sie schnell auf Anfragen und bleiben Sie am Ball. Es gibt verschiedene Situationen, auf die Unternehmen und im speziellen deren Verkäufer schnell reagieren und in denen sie konsequent und aktiv nachfassen sollten:

1. Termine

Stellen Sie sich folgende Situation vor: Ein Kunde ist an einer Einbauküche interessiert, die in etwa acht Wochen geliefert werden könnte. Den genauen Termin können Sie als Verkäufer noch nicht nennen und auch der Kunde kann die Situation zeitlich noch nicht einschätzen. Er will Sie wieder anrufen, nachdem er beruflich abgeklärt hat, wann er zuhause sein kann.

Bieten Sie dem Kunden an, ihn sofort zu informieren, wenn Sie verlässliche Angaben über die Lieferzeit haben und warten Sie nicht auf seinen Anruf. Erfolgreiche Verkäufer melden sich umgehend, wenn sie wissen, wann die Küche montiert werden könnte und bleiben auch dann dran, wenn der Kunde sich immer noch nicht entscheiden kann – aus welchen Gründen auch immer. Machen Sie es dem Kunden möglichst einfach. Die Devise heißt: Gehen Sie auf Ihren Kunden zu, warten Sie nicht, bis er die Initiative ergreift.

2. Angebote

Häufig versenden Unternehmen Angebote an ihre Kunden, legen die Hände in den Schoß und warten einfach auf Resonanz. Kommt eine, ist es o.k., kommt keine, auch Recht! Warum ist das so? Besonders in großen Unternehmen werden Angebote nicht unbedingt von den Verkäufern, sondern von anderen Fachabteilungen versandt. Bei mangelhafter Kommunikation wissen die Mitarbeiter im Außendienst oft nicht einmal, was im Innendienst passiert. Sie können nicht kundengerecht reagieren und kostspielige Aktionen verlaufen im Sande. Und selbst wenn die rechte Hand weiß, was die linke tut, fühlt sie sich oft nicht zuständig, weil die Aufgabenverteilung nicht eindeutig geklärt ist. Regelmäßige Informationen sowie Meetings, in denen festgelegt wird, wer wann bei welchem Kunden(kreis) nachfasst, können da Abhilfe schaffen.

Viel zu häufig passiert es auch, dass sich Kunden Angebote über Produkte oder Dienstleistungen einholen – und dann hört man voneinander nie wieder. Im Alltagsgeschäft gehen solche unverbindlichen Angebote, die von Kunden erfragt werden, aus zwei Gründen unter: Erstens sind Verkäufer oftmals so ausgelastet oder überbelastet im alltäglichen Geschäft, dass sie es gerade noch schaffen, auf Anfragen zu reagieren. Für ein Nachfassen fehlt die Zeit – besonders Verkäufern, die nicht gerne telefonieren oder sogar Angst davor haben. Zum Zweiten gehen leider immer noch viele Verkäufer davon aus, dass Kunden, die sich ein Angebot machen lassen, dann auch selbst aktiv werden, wenn sie die Leistung haben wollen. Das ist aber nicht zwangsläufig der Fall. Manchmal werden Kaufentscheidungen nur verschoben und die besten Chancen auf einen Vertragsabschluss hat dann genau derjenige Verkäufer, der wieder auf den Kunden zugeht. Zeigen auch Sie Ihrem Kunden, dass Sie Interesse haben und dessen Anfrage ernst nehmen.

3. Abruf Prospekt/Infomaterial

Selbst erlebt haben das bestimmt schon viele: Bei Ihnen steht der Kauf eines neuen Fahrzeuges an. Sie besuchen ein paar Autohäuser unterschiedlicher Marken und geben Ihre Absicht kund, dass Sie ein Auto kaufen möchten, sich aber noch nicht auf eine Marke oder ein Modell festgelegt haben. Ein paar Vorgaben machen Sie, zum Beispiel wollen Sie einen kleinen Flitzer, nicht mehr als 20 000 Euro ausgeben und auf jeden Fall Ihren „Alten" in Zahlung geben. Wenn Sie es schaffen, das gesamte Informationsmaterial und die schweren, bunten Kataloge (die Preislisten sind in extra Heften, was das Recherchieren erschwert) auf einmal nach Hause zu schleppen, sind Sie gut trainiert. Wenn Sie die Kataloge in die Ecke legen, dann war`s das. Sie hören nichts mehr vom Autohaus. Sie können es kaum glauben, aber niemand kommt mehr auf sie zu.

Aber Sie geben nicht auf. Das Ziel des Besuches im Autohaus, ein neues Auto, rückt zunächst in weite Ferne. Sie kämpfen sich durch das gesammelte Material, vergleichen Ausstattungsvarianten und Preise durchaus auch im Internet. Haben Sie die Auswahl auf zwei, drei Marken beziehungsweise Modelle reduziert, rufen Sie im Autohaus an und bitten noch um ein paar Informationen und um Prüfung, wann das Wunschauto zur Verfügung stehen könnte. Sie brauchen Geduld und müssen sogar mehrmals um Rückmeldung bitten. Ein erfolgreicher Autoverkäufer hätte versucht, ihr Ziel bereits im ersten Gespräch einzugrenzen und Ihnen damit die Hälfte der Kataloge erspart. Der erfolgreiche Verkäufer meldet sich beim potenziellen Käufer und bietet ihm auf ihn zugeschnittene Angebote an. Und: Er nimmt den Kunden in seine Datenbank auf, um ihm gegebenenfalls weitere Angebote bezüglich Werkstatt-Termine oder Veranstaltungen im Autohaus unterbreiten zu können, bevor er selbst auf die Idee kommt. Kommen auch Sie Ihrem Kunden immer wieder ein Stück entgegen.

4. E-Mail-Anfragen

Immer mehr Unternehmen erhalten über ihre Homepages Anfragen per E-Mail. Häufig sind diese Anfragen allgemein formuliert und Unternehmen senden einfach ein möglichst umfangreiches Infopaket. Verkaufsstarke Unternehmen suchen hier zunächst einmal das persönliche Gespräch mit dem Interessenten. Sie haben den Mut, falls in der Anfrage keine Telefonnummer angegeben ist, eine kurze Rück-E-Mail zu schreiben mit der Bitte um vollständige Kontaktdaten. Der Kunde will vielleicht zunächst noch etwas anonym bleiben und Mitarbeiter gehen dann einfach den Weg des geringsten Widerstandes. Dabei wäre es gerade hier enorm wichtig, gezielt nachzufassen, um dem (potenziellen) Kunden bereits ausgewählte und selektierte Dokumentationen zukommen lassen zu können. Zeigen Sie Ihrem Kunden, dass Ihnen eine verbindliche und nutzenorientierte Kommunikation extrem wichtig ist.

5. Messe-Kontakte

Messen sind beim Thema Nachfassen bei vielen Unternehmen ebenfalls ein heikles Thema. Das Verkaufsteam kommt von der Messe zurück und findet sich sofort wieder bei Kundenterminen oder im alltäglichen Ablauf, so dass oft keine Zeit bleibt, die neuen Messe-Kontakte nachzuarbeiten. 3 Monate später steht der Ordner immer noch unberührt auf dem Schreibtisch und die nächste Messe steht bereits schon wieder vor der Tür. Dabei sollte sich gerade hier eine Verkäufer-Task-Force zeitnah um die Neukunden kümmern und den Messe-Kontakt warm halten Damit es nicht zu viele und ungenaue Kontakte werden, sollte aber besonders bei der Messe bereits das Potenzial herausgearbeitet werden. Das heißt: Nicht einfach nur eine möglichst große Anzahl Visitenkarten sammeln! Viele Unternehmen kümmern sich auf der Messe hauptsächlich um die Stammkunden. Natürlich sind diese wichtig und man sollte sich auch ausreichend Zeit nehmen, allerdings müssen Unternehmen, damit sich die Messe-Investition lohnt, vor allem die Chance nutzen, um (potente) Neukunden für sich zu gewinnen. Fassen Sie Messe-Kontakte möglichst innerhalb von 14 Tagen nach, um nicht in Vergessenheit zu geraten. Zeigen Sie dem Interessenten, dass Sie Interesse an ihm haben.

Gemeinsam aktiv werden – konsequent handeln

Dass viele Verkäufer oftmals sich selbst im Verkaufsprozess blockieren oder blockiert werden, haben wir in diesem Kapitel bereits ausführlich behandelt. Warum ist das so? Immer und über alle Hierarchiestufen im Verkauf hinweg aus demselben Grund: Aus Angst, abgewimmelt zu werden. Aus Angst vor dem Nein des Kunden. Viele Verkäufer meinen, es sähe beim Kunden dann so aus, als hätten sie es nötig. Sie wollen nicht aufdringlich sein oder zu viel Druck ausüben. Und stattdessen tun sie lieber gar nichts. Aus diesem Grund muss natürlich auch der Chef konsequent beim Mitarbeiter nachfragen, wie der aktuelle Stand der einzelnen Verkaufsaktivitäten ist, und daraus resultierend verbindliche Vereinbarungen einfordern. Aber auch er hat Angst davor, weil er dann ja irgendwann ebenso Konsequenzen ziehen müsste. Er ist also in der gleichen Situation wie der Verkäufer beim Kunden. Und lieber behält er einen mittelmäßigen Verkäufer, als wieder einen neuen zu suchen und eventuell einarbeiten zu müssen. Die Kunst ist jedoch die, die guten Verkäufer, die sowieso schon gute Umsätze machen, durch ein konsequentes Vorgehen weiter auszubauen. So wird Konsequenz vorgelebt und kann auch glaubwürdig eingefordert werden.

Ob Unternehmer, Geschäftsführung, Vorstand, Verkaufsleiter, Verkaufsleiter Europa, Verkaufsleiter Deutschland, Verkäufer – nur wenn alle aktiv und konsequent agieren, ist der Unternehmenserfolg gesichert. Eine entscheidende Frage ist in diesem Zusammenhang nur, mit wie viel Aufwand dies geschieht. Je aktiver und konsequenter letztendlich alle daran arbeiten, umso effizienter lässt sich mehr Umsatz erzielen. Kundenpotenziale zu erkennen und auszubauen, aktiv, konsequent und diszipliniert heranzugehen – das ist heute und in Zukunft entscheidend für den Vertriebs- und damit Unternehmenserfolg.

Leistung zum Abrufen

Wenn Verkäufer erkennen, dass sie wertvoll für das Unternehmen sind, indem ihre Leistungen anerkannt werden und Ideen entsprechend honoriert, dann steigert sich im Normalfall die Leistungsbereitschaft von ganz alleine. Dann hat der Verkäufer die Kraft und den Willen, seine Tätigkeit auch in schwierigen Zeiten auszuüben und manchmal mehr als die notwendigen Arbeiten zu vollbringen. Zum Tragen kommen dabei ganz individuelle Eigenschaften wie das Engagement, die persönliche Flexibilität, die Selbstständigkeit und Zuverlässigkeit des einzelnen Verkäufers. Leistungsbereitschaft entsteht aus der Motivation heraus, etwas tun zu wollen. Dabei spielt das Motiv des Einzelnen eine entscheidende Rolle. Umso wichtiger ist es, dass der Verkäufer auch versteht, warum er – vielleicht über einen bestimmten Zeitraum hinweg – mehr Leistung bringen muss.

Leistung kann allerdings nur dort abgerufen werden, wo Wissen und Kondition vorhanden sind. Besitzen Sie entsprechende Fertigkeiten und Fähigkeiten, entsteht aus Leistungsbereitschaft Erfolg. Deshalb ist es enorm wichtig, durch eine ständige Lernbereitschaft ein stetiges Wissenswachstum zu erreichen. Ebenso ist es mit der Kondition: Nur wer hier kontinuierlich trainiert, der verfügt über Ausdauer auf Abruf.

Vergleichen wir das Ganze doch einfach einmal mit dem Start einer Rakete: Der Raketenstart ist der Sammelbegriff für Vorgänge, die sich beim Raketenflug vom Zünden der Raketentriebwerke bis zum Übergang in eine stabile Flugbahn abspielen. Zum Start gehört jedoch auch schon die aufwendige Startvorbereitung sowie der überlebenswichtige Check up der wichtigsten Funktionen an Bord sowie im Kontrollraum. Was tun Sie, bevor Sie den Startknopf drücken? Welchen Check-up führen Sie durch? Haben Sie genügend Treibstoff an Bord, um zum Ziel zu gelangen? Aber auch nicht zu viel, damit Sie kein unnötiges Gewicht belastet beziehungsweise Ihre stabile Flugbahn gefährdet? Wann zünden Sie welches Triebwerk? Wissen Sie immer ganz genau, in welcher Phase des Verkaufsgespräches Sie sich gerade befinden? Wie viel Schub geben Sie zu bestimmten Zeiten?

Disziplin als Erfolgsfaktor im Verkauf

Den meisten Menschen ist Disziplin bereits in den Kinderschuhen vermiest worden. Der Begriff Disziplin leitet sich übrigens von disciplina (lat. Lehre, Zucht, Schule) ab. Deshalb hieß es wahrscheinlich auch oft: „Tue dies!“ und dann „Tue das!“ – wenn du erst diszipliniert die Hausaufgaben machst, kannst du anschließend spielen gehen. Beim Sport musste man diszipliniert trainieren, beim Erlernen einen Musikinstrumentes diszipliniert üben. Bei der Bundeswehr ist Disziplin ebenso gefragt wie in einem Orchester. Dabei ist Disziplin, sofern sie freiwillig erbracht ist, ein enormer Erfolgsfaktor. Deshalb müssen wir, wenn wir über Disziplin im Verkauf sprechen, erst einmal zwischen zwei ganz verschiedenen Verhaltensgrundlagen unterscheiden:

1. Die fremd verordnete Disziplin
auch bekannt als Gehorsam, das heißt der Befolgung eines Befehls innerhalb einer vorgegeben Ordnung. Hier bestimmt eine anerkannte Autorität durch Gebote sowie Verbote, welche Handlungen zu tun oder zu unterlassen sind.

2. Die freiwillige Disziplin
oder Selbstdisziplin als Form der bewussten Selbstregulierung. Hier wird das eigene Verhalten stets kontrolliert beziehungsweise unterliegt einer selbstbestimmten Ordnung. Meistens werden eigene Interessen zugunsten allgemein anerkannter Richtlinien (kultureller oder ethischer Natur) zurückgestellt.

Letzteres ist es, was unser Leben als Verkäufer spannend macht. Disziplin bringt Sie nämlich nur dann voran, wenn sie aus Ihrer Motivation zur Arbeit, zu Ihrem Tun erwächst. Sie werden diszipliniert lernen und trainieren, wenn Sie Lust verspüren, immer wieder Neues zu entdecken, mehr zu wissen und mehr zu können als noch tags zuvor. Und genau das ist es, was Sie als Verkäufer brauchen, um flexibel zu bleiben, sich immer wieder auf neue Anforderungen einzustellen. Anstatt immer gleich vorzugehen, neue Wege zu suchen, zu finden und auch zu beschreiten – wie die Lava eines Vulkans.

3.5 Das Vulkan-Prinzip

Wenn Sie Bilder eines Vulkanausbruchs vor Augen haben, werden Sie wissen, dass Magma und Lava sich nicht aufhalten lassen. Hat sich das zähe plastische Magma aufgrund des großen Drucks erst einmal einen Weg nach draußen gesucht, fließt die Lava weiter und weiter – egal, ob sich Wälder, Häuser oder Städte auf Ihrer Route befinden. So tragisch das für die Anwohner solcher Gebiete ist, würde ich mir bei Verkäufern manchmal ein ähnliches Vorgehen wünschen. So wie sich die Lava kontinuierlich bewegt – für Naturforscher wie Vulkanologen immer wieder faszinierend zu beobachten – müssten auch Verkäufer in der Lage sein, kontinuierlich im Fluss zu bleiben. Doch häufig ist das Gegenteil der Fall: Sie lassen sich von Kundenaussagen stoppen, finden nicht mehr in die eigene Bahn zurück, sind aber auch nicht in der Lage, vielleicht die nächste kleine Erhebung einfach zu umgehen.

Viele Verkäufer laufen im übertragenen Sinne immer wieder gegen die gleiche Tür, anstatt sie zu öffnen oder einen anderen Weg zu wählen. Viele Verkäufer sind im Umgang mit dem Kunden zu verkrampft, lassen ihr Verkaufsgespräch nicht fließen. Wenn Sie jedoch zu intensiv über Ihre Abläufe im Verkaufsprozess nachdenken müssen, wird das ihr Kunde merken. Machen Sie es lieber wie die Lava, die fließt, solange ihre Temperatur hoch ist. Wie hoch ist Ihre Temperatur im Verkaufsgespräch? Dampfen Sie nur so ein wenig vor sich hin? Köcheln Sie zumindest? Oder brennen Sie voller Leidenschaft für das, was sie tun? Halten Sie Ihre Temperatur im Verkaufsgespräch auf einem hohen Level. Gehen Sie manchmal andere Wege! Probieren Sie Neues aus! Zeigen Sie Ihrem Kunden, dass Sie heiß auf das Verkaufen sind, dann finden Sie – wie die Lava – auch Wege zum erfolgreichen Abschluss.

4. Mehr Mut – der Verkauf wird im Verkauf entschieden!

Man sollte es nicht für möglich halten, doch es ist tatsächlich so: Auch wenn Verkäufer schon seit vielen Jahren diesen Beruf ausüben, gibt es immer noch Situationen, in denen das, was sie tun, mit gemischten Gefühlen verbunden ist. Die Unsicherheit, ob man auch das Richtige für den Kunden empfehlen kann oder empfohlen hat, Ängste, aufdringlich zu wirken oder abgelehnt zu werden und Hemmungen bremsen den Verkäufer oft noch auf der Zielgeraden aus. Der erhoffte Erfolg rückt in weite Ferne. Eine Auseinandersetzung mit den eigenen Gefühlen und Sichtweisen kann hilfreich sein, wieder mehr Mut zu entwickeln. Nur wer sich seiner eigenen Bremsfaktoren bewusst ist, kann Gas geben. Zweifel, Gewohnheiten und manchmal auch die eigene Bequemlichkeit sind solche Bremsfaktoren, die jeder von uns kennt. Sie werden in diesem Kapitel lernen, nicht nur damit umzugehen, sondern sie zu überwinden. Sie werden ins Handeln kommen, endlich die Bremsen lösen, den Spaß an der Geschwindigkeit entdecken und den Erfolg im Ziel genießen.

4.1 Wie der Verkäufer – so der Verkauf!

Wir wissen, dass unsere Gefühle sich stark auf unser Verhalten auswirken. Wenn Sie positiv denken, handeln Sie positiv und umgekehrt. Und dabei wundern sich viele Verkäufer, dass sie trotz umfangreichem Fachwissen und der Kenntnis zahlreicher Verkaufs- und Gesprächstechniken oft so wenig Umsatz machen. Was ihnen oft nicht klar ist, dass sie sich nur durch ihre eigenen Gedanken hemmen. Persönlichkeitsstrukturen beziehungsweise die Innen- und Außensicht sind entscheidende Faktoren für den Verkaufserfolg. Kurz könnte man sagen: Wie der Verkäufer – so der Verkauf!

Auch wenn eine Typologie immer nur eine begrenzte Sichtweise aufzeigt, ermöglicht sie Menschen doch, sich leichter einschätzen zu können. Folgende Verkäufertypen erheben nicht den Anspruch auf Vollständigkeit, aber Sie helfen Ihnen dabei, die eigenen Handlungsstrukturen mit einem Schmunzeln zu betrachten. Ich habe in diesem Zusammenhang bewusst darauf verzichtet, ein weiteres Mal zwischen dynamisch und pragmatisch oder extrovertiert und introvertiert zu unterscheiden. Ganz andere Typen werden Ihnen an dieser Stelle begegnen. Lassen Sie sich also überraschen. Sie lernen Stärken und Schwächen der jeweiligen Verkaufstypen kennen. Sie werden sich vielleicht nicht nur in einem, sondern in mehreren wiedererkennen. Und mit jeder kleinen Erkenntnis werden Sie merken, wie leicht es ist, einmal etwas einfach anders zu machen.

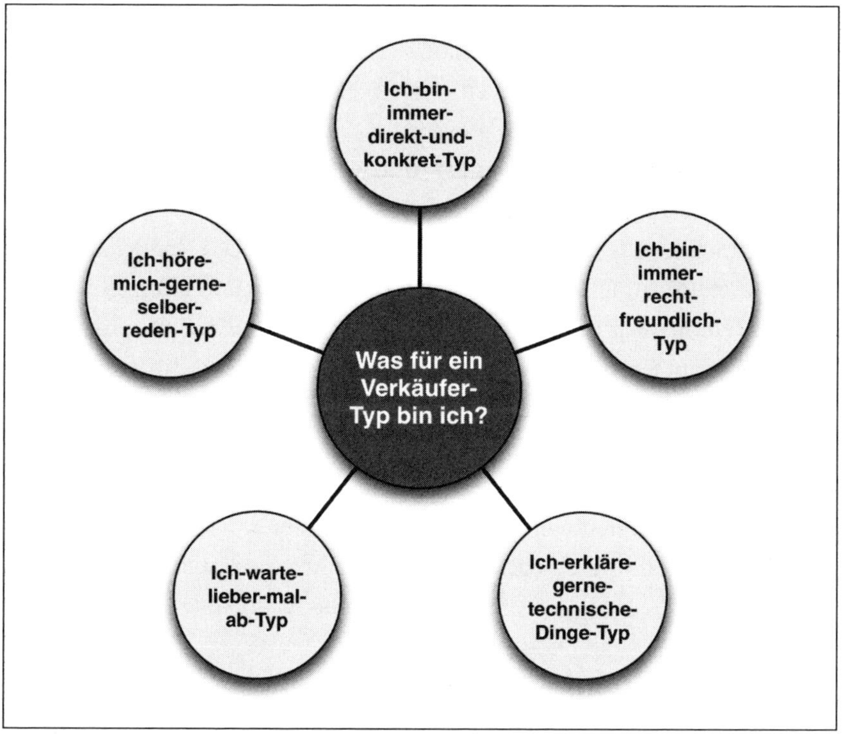

Abbildung 3: Was für ein Verkäufer-Typ bin ich?

Der **„Ich-bin-immer-recht-freundlich-Typ"**, auch Kuschler-Typ genannt, will nur nicht auffallen oder aus der Reihe tanzen. Lieb und nett, gebraucht er niemals Widerworte und macht immer schön das, was der Kunde sagt und vorschreibt – bis zur völligen Selbstaufgabe. Bei diesem Typ ist der sogenannte wunderbare Nachlaufeffekt deutlich erkennbar. Ohne Profil, ohne Kanten und Ecken, geht er gerne ausführlich auf alle Fragen und Wünsche des Kunden ein, lässt sich aber auch zu viel Zeit für den Kunden. Stellt sich nur die Frage, wie dieses Verhalten im Unternehmen ankommt, ob er es auch bei diesem seiner „Kunden" verkauft bekommt. Aber er tut beim Kunden mal so, als wäre alles möglich. Oftmals neigt er dazu, den Abschluss zu zerreden – und wundert sich dann, dass der Kunde doch woanders kauft. Er ist dann sehr geknickt und braucht meistens eine entsprechend lange Zeit, bis er wieder „in der Spur ist".

Der **„Ich-bin-immer-direkt-und-konkret-Typ"**, kommt schnell zum Punkt. Themen spricht er ohne viel Schnickschnack drum herum an. Er denkt schnell an das Ergebnis und will das Geschäft nach Möglichkeit noch heute abschließen. Er steht auch gerne immer etwas unter Zeitdruck – der nächste Termin wartet schon auf ihn! Der Abschlussdruck ist meistens ebenfalls sehr hoch. Da er versucht, das Verkaufsgespräch sehr final zu führen, fällt dies natürlich auch dem Interessenten auf. Der Druck des Verkäufers überträgt sich auf den Kunden und wir wissen schließlich alle, was Druck erzeugt – richtig: Gegendruck. Er ist verwundert, wenn er trotz idealem Angebot und aller eindeutiger Ansprache den Abschluss nicht machen kann, geht dann jedoch schnell (manchmal vielleicht zu schnell) zum nächsten Termin über.

Der **„Ich-hör-mich-gerne-selber-reden-Typ"** erzählt, erzählt und erzählt – und lässt den Kunden kaum zu Wort kommen. Er geht zwar hin und wieder auf die Fragen des Kunden kurz ein, schwenkt dann aber gleich wieder auf seinen Kurs zurück. Er verzettelt sich gerne, nur damit er weiter reden kann. Ausschweifend erzählt er oftmals auch Dinge, die den Interessenten in keinster Weise interessieren. Aber da er immer weiter spricht, ohne auf seinen Gesprächspartner zu achten, merkt er dies meist gar nicht oder erst zu spät. Die Chance, einen Abschluss zu machen, ist längst vorbei und der Verkäufer spricht wahrscheinlich (zumindest in Gedanken) auch dann noch weiter, wenn er längst aus der Tür ist.

Der **„Ich-warte-lieber-mal-ab-Typ"** geht zwar auf den Kunden ein, beantwortet seine Fragen und Wünsche, lässt sich aber nicht anmerken, dass er den Auftrag will. Er ermöglicht es dem Kunden gerne, wieder zu gehen. Wenn er beim Kunden ist und der Kunde keine Auftragsreaktion zeigt, verabschiedet er sich einfach wieder. Er wartet dann geduldig ab, bis der Kunde sich meldet – oder auch nicht. Auf keinen Fall will er sich anmerken lassen, dass er es nötig hätte, nach dem Auftrag zu fragen, oder er den Auftrag sogar braucht. Wenn der Kunde kaufen will, wird er sich schon melden. Sollte sich der Kunde nicht mehr melden, denkt er: Dann hat der Kunde eben wo anders gekauft oder sein Bedarf hat sich geändert. Wenn er wieder etwas benötigt, wird er sich schon wieder melden.

Der **„Ich-erkläre-gerne-technische-Details-Typ"** kennt sich in technischen Produktfragen bestens aus, kann sämtlich Details erklären und geht sehr stark in die fachliche Tiefe – leider oftmals ohne Gesprächskonzept und Strategie. Er ist verwundert, wenn der Interessent auch etwas weiß und reagiert zuweilen sogar empfindlich darauf oder versucht durch weiteres Fachwissen aufzutrumpfen. Er lässt sich nicht gerne etwas sagen oder vorschreiben. Er weiß ja schließlich, wie alles funktioniert und wundert sich, dass er mit seinem außerordentlichen Wissen den Kunden nicht überzeugen konnte.

Haben Sie sich erkannt? Konnten Sie sich deutlich einem bestimmten Typ zuordnen? Oder haben Sie von einem das eine und vom anderen ein anderes Merkmal? Vielleicht mussten Sie auch schmunzeln, weil Sie den einen oder anderen Ihrer Kollegen wieder erkannt haben. Falls Sie noch andere Typen kennen, dann lassen Sie es mich bitte wissen – ich freue mich jederzeit auf eine Erweiterung dieser Typologie. Sehr interessant ist es auch, einmal zu beobachten, wenn Ihnen jemand etwas verkauft, wie sie selbst jenen Verkäufer einordnen. Legen Sie also bei Ihrem nächsten Kauf den Fokus auf den Verkäufer und schauen Sie, welcher Verkäufertyp Ihnen gegenüber steht – auch das kann spannende Erkenntnisse mit sich bringen.

Die Umsetzung machts

Jeder Vertriebsmitarbeiter hat im Laufe seiner Arbeit vom Kunden schon Absagen/Ablehnung bekommen. Müssen sich Verkäufer also ein „dickeres Fell" zulegen? Ich denke, ein dickeres Fell hilft da wenig. Als Verkäufer müssen Sie sich dann allerdings schon einmal fragen „Was hätte ich im Vorfeld besser machen müssen?" Die eigene Strategie zu durchleuchten schadet vor allem dann nichts, wenn Sie schon länger im Geschäft sind. Bei aller Erfahrung schleichen sich oft alte Muster ein, die nicht mehr zeitgemäß sind. Umgekehrt sollten auch jüngere Verkäufer immer wieder an sich arbeiten und analysieren: „Wann habe ich wie die besten Abschlüsse erzielt?" „Und warum ist das jetzt nicht mehr der Fall?" Setzen Sie sich dann noch ein konkretes Ziel, zum Beispiel: „Für jede Absage suche ich mir drei neue Kunden", weicht das nicht benötigte dicke Fell einem luftig leichten Anzug.

Wie Verkäufer direkt ins Handeln kommen: Sieben Tipps und ein Turbo-Booster!

Richtig mit den Kunden umzugehen, ist eine besondere Herausforderung und bedarf oft einer gewaltigen Portion Fingerspitzengefühl. Wer als Verkäufer hungrig ist, wird nicht zögern, alles daran zu setzen, mehr von diesem Fingerspitzengefühl zu erwerben, persönlich zu wachsen und mit all diesen Fähigkeiten und Fertigkeiten ins H A N D E L N zu kommen. Folgende sieben Tipps sollen Ihnen dabei helfen:

H eiß sein …

A ktiv sein …

N eugierig sein …

D irekt sein …

E rfinderisch sein …

L eidenschaftlich sein …

N achhaltig sein …

Und jetzt geht es auch gleich in die Umsetzung:

1. H eiß sein …

Wenn wir irgendetwas unbedingt wollen, scheuen wir meist keine Mühen, es auch zu bekommen. Wir sind bereit, alles und noch mehr zu geben. Auch Verkäufer müssen, um ins Handeln zu kommen, heiß sein. Sie müssen heiß darauf sein, zu verkaufen, heiß darauf, einen Abschluss zu machen, heiß darauf, mehr Umsatz zu erzielen.

2. A ktiv sein ...

Ohne Aktion kein Ergebnis. Das ist im Verkauf nicht anders als in anderen Bereichen. Je aktiver Sie also sind, umso größer ihre Chance, mehr zu verkaufen. Passiv zu sein bringt natürlich den Vorteil, nicht weiter aufzufallen, aber auch die Gefahr, nicht wirklich wahrgenommen zu werden. Wer aktiv ist, agiert und muss nicht reagieren, wenn die Umstände oder andere ihn dazu zwingen. Aktiv sein, bedeutet die Freiheit zu nutzen, selbst zu entscheiden, was und wie man etwas tut. Nutzen Sie also die Zeit und Ihre Chancen, damit Sie im Spiel bleiben!

3. N eugierig sein ...

Wer gierig auf Neues ist, ist bereit, auch einmal alte Pfade zu verlassen. Neues auszuprobieren, ist manchmal nicht einfach, weil wir Menschen an Gewohnheiten hängen, weil wir gerne Dinge tun, von denen wir wissen, dass sie funktionieren. Im Verkauf lohnt es sich, neugierig zu sein und zu bleiben! Was könnten Sie morgen tun, was Sie bis heute noch nie getan haben (aber schon immer einmal tun wollten)? Trauen Sie sich und genießen Sie das Gefühl, wenn Neugierigkeit belohnt wird – vielleicht durch Selbstbewusstsein, Anerkennung von Anderen oder den Erfolg, den Sie verdient haben.

4. D irekt sein ...

Zögern und Zaudern sind im Verkauf keine guten Ratgeber. Erfolg hat der, der direkt anspricht, was er haben will, der direkt fragt, was der Andere will. Einfach und klar, direkt und nachvollziehbar, so eingesetzt ist Ihre Verkaufsenergie am wirkungsvollsten. Schreiben Sie zum Beispiel gleich jetzt einmal Ihre Wünsche auf – ohne Umschweife und ganz direkt. Sie werden erstaunt sein, wie direkt ihre Wünsche sind, wenn Sie sich nicht selbst einschränken. Sie werden sich wundern, wie schnell das eine oder andere Ziel sich erfüllt, wenn dieses nur direkt und unmissverständlich formuliert ist.

5. E rfinderisch sein ...

Manchmal sind alte Wege zwar bequem zu gehen, allerdings ist es meistens viel spannender, neue Wege zu ergründen. Wer Ideen zulässt und Spaß daran hat, kreativ zu sein, wird im Verkauf bald von den Vorteilen profitieren. Dabei sollten Sie sich selbst nicht zu sehr einschränken: Wer Ideen bereits im Keim erstickt, weil er sie für nicht durchführbar hält, wird viele Chancen verpassen und seinen wertvollen Erfindergeist schwächen. Stärken Sie Ihre Kreativität zum Beispiel, indem Sie jeden Tag etwas für Sie Ungewöhnliches tun (die Zähne mit der anderen Hand putzen, im Bett einmal auf der anderen Seite schlafen, den Weg zum Kunden einmal anders fahren und anderes) .

6. L eidenschaftlich sein ...

Wenn wir verliebt sind, schlägt uns das Herz bis zum Hals, wir wollen möglichst viel Zeit mit unserer großen Liebe verbringen. Diese Leidenschaft entwickeln wir auch bei unseren Hobbys. Da ist uns kein Weg zu weit, keine Zeit zu lang, kein Aufwand zu groß. Leidenschaftlich verfolgen wir unseren Traum, leidenschaftlich bleiben wir am Ball – bis wir das Ziel erreicht haben. Diese Leidenschaft lässt uns die höchsten Berge erklimmen, die schwersten Herausforderungen meistern. Wenn Sie es schaffen, diese Leidenschaft auf den Verkauf zu übertragen und mit eben dieser Lust ans Werk gehen, kann Sie keiner aufhalten. Sie werden jeden Kunden bekommen, jeden Abschluss erzielen – denn Leidenschaft siegt!

7. N achhaltig sein ...

Viele Verkäufer sehen Verkaufsgespräche nur als kleinen Teil des Ganzen. Um nachhaltig zu agieren, müssen wir jedoch das große Ganze an sich betrachten. Viele Verkäufer nehmen Dinge mit ins Gespräch, die sie vorher bewegen. Sie gehen mal schnell zum Kunden, sie rufen mal schnell an. Doch nur mal nebenbei etwas zu erledigen, wird Ihrem Auftrag als Verkäufer nicht gerecht. Nachhaltigkeit erreichen Sie, wenn Sie immer vollen Einsatz zeigen, immer ganz bei der Sache sind – Verbindlichkeit und Beständigkeit in Ihren Verkauf einbauen.

Der Turbo-Booster!

Wenn Sie es schaffen, an diesen sieben Umsetzungsfaktoren kontinuierlich zu arbeiten, kommen Sie automatisch schneller und besser ins Handeln. Nun verrate ich Ihnen aber noch einen Turbo-Booster, mit dem Sie Ihr Handeln potenzieren können. Starten Sie durch und handeln Sie im Quadrat, handeln Sie hoch 2, indem Sie immer an den zweiten Auftrag denken, auch die zweite Chance erarbeiten, den zweiten Berg im Visier haben. Hören Sie nie nach dem ersten Erfolg auf. Holen Sie sich den Zweiten und die Weiteren. Seien Sie immer bereit, einen weiteren Anlauf zu nehmen.

Umgang mit der persönlichen Angst

Verkäufer haben oftmals Angst, manchmal im Gespräch, viel öfter aber schon vorher. Sie stellen sich vor, dass der Kunde Nein sagt, dass er irgendetwas fragt, was sie nicht beantworten können, dass er irgendetwas fordert, was sie nicht liefern oder erst zu einem späteren Zeitpunkt anbieten können. Diese Angst entsteht meistens aus der Erfahrung heraus: Dies oder jenes lief irgendwann in einem Verkaufsgespräch schon einmal falsch. Vielleicht könnte das ja wieder passieren. Vielleicht aber auch nicht. Viele Verkäufer gehen deshalb eher geduckt ins Gespräch. Ich hab es ja gewusst! Ja, ich hätte nicht hingehen sollen!

Erkennen ist das Zauberwort der Stunde. Viele Verkäufer gehen mit dem ersten Schritt schon den richtigen Weg. Sie erkennen, dass etwas falsch gelaufen ist und auch wieder falsch laufen kann. Nun aber kommt der Knackpunkt: Anstatt genauer zu analysieren, was passiert ist und etwas zu unternehmen, damit das nicht mehr passiert, stehen Verkäufer wie Hasen vor der Schlange. Wenn Sie sich vorher bewusst werden, was passieren kann, dann nutzen Sie die Chance, genau an diesem Thema zu arbeiten. Lassen Sie die Angst zu! Sie ist ein natürliches Regelinstrument, damit Sie nicht erst beim Kunden in eine verhängnisvolle Situation geraten. Wenn Sie Angst haben, weil Sie zum Beispiel nicht wissen, was passieren wird, dann stellen Sie sich jede mögliche Situation vor und trainieren Sie, damit umzugehen. Stellen Sie sich die Frage: „Was kann im schlimmsten Fall passieren?"

Angst im Verkauf – Wovor haben Verkäufer Angst?

Angst ist ein Thema, das viele Verkäufer bewegt. Aber nicht nur die Angst im Zusammenhang mit ihren Kunden und anstehenden Gesprächen. Letztendlich haben Sie schon Angst, über das Thema zu sprechen oder darüber auch nur nachzudenken. Die Angst vor der Angst ist also oft wesentlich schlimmer als alles, was dann letzten Endes passieren könnte. Aber betrachten wir das Ganze etwas systematisch:

1. Der Verkäufer traut sich nicht, bestimmte Dinge anzusprechen

Das, was sich in unserem Kopf abspielt, lässt sich ja nicht immer steuern. Deshalb denken Verkäufer oft: „Wenn ich dies sage, dann kommt natürlich vom Kunden wieder das!" Allein dieser Gedanke oder die Aussage – und wird sie auch nur für sich selbst ausgesprochen – ist eine Self-fulfilling Prophecy. Die sich selbsterfüllende Prophezeiung ist eine Vorhersage, die sich nur deshalb erfüllt, weil sich der Vorhersagende, meist unbewusst, so verhält, dass sie sich erfüllen muss. Der Glaube an die Vorhersage: „Immer wenn ich diesen Punkt anspreche, dann läuft mir das Verkaufsgespräch aus dem Ruder" führt zu schlechteren Leistungen des Verkäufers und das Vorhergesagte tritt mit einer hohen Wahrscheinlichkeit ein. Bis hierher kennen viel Verkäufer dieses Phänomen. Aber wussten Sie, dass dieses System auch in die andere, positive Richtung wirksam sein kann?

Im Gegensatz zur selbsterfüllenden Prophezeiung steht die Self-defeating Prophecy, auch selbstzerstörende Prophezeiung genannt. Hier verhält sich der Betreffende so, dass die Prophezeiung gerade nicht in Erfüllung geht.

Geprägt hat beide Begriffe der amerikanische Soziologe Robert King Merton (5. Juli 1910 bis 23. Februar 2003). Er verdeutlichte damit den Denkfehler, bestimmte Ereignisse als Beweis für die eigene Vorhersage anzuführen, dabei jedoch die eigene Rolle zu übersehen. Geht der Verkäufer also mit dem Gedanken in das Gespräch: „Diesen oder jenen Punkt darf ich auf keinen Fall ansprechen (weil dann genau das passieren wird)", wird es wahrscheinlich passieren, dass der Kunde genau den Punkt anspricht, vor dem der Verkäufer Angst hat. Achten Sie also darauf, dass Sie sich schon im Vorfeld überlegen: „Welche Punkte spreche ich im Verkaufsgespräch an, wovor habe ich Angst und wie kann ich diese überwinden oder anstatt der selbsterfüllenden Prophezeiung die selbstzerstörende Prophezeiung nutzen?"

2. Der Verkäufer schätzt die eigenen Fähigkeiten zu gering ein

Mangelndes Vertrauen in sich selbst und die eigenen Fähigkeiten kann als angstauslösender und angstverstärkender Faktor wirken. Obwohl die meisten Verkäufer nach außen hin nur so vor Selbstvertrauen strotzen, sieht es unter der Schale oft ganz anders aus. Natürlich sind Kunden oft gut informiert und Einkäufer gut geschult, aber dem gegenüber brauchen sich meist auch Top-Verkäufer mit ihrem Wissen und ihren Fähigkeiten nicht zu verstecken.

3. Der Verkäufer denkt: „Der Kunde übervorteilt mich."

Eigentlich kennt man das eher aus der anderen Perspektive: Der Kunde befürchtet, vom Verkäufer „über den Tisch gezogen zu werden". Aber auch viele Verkäufer haben das Gefühl, von Einkäufern übervorteilt zu werden. Von beiden Seiten sollte von Anfang an ein ausgewogener Interessenausgleich angestrebt werden, andernfalls fühlt sich eine Partei übervorteilt und der Verkauf steht bis zum Schluss auf der Kippe. Ein wichtiger Aspekt in diesem Zusammenhang ist die Thematik „Preis". Jeder Verkäufer fürchtet sich davor, wenn der Kunde den Preisjoker zieht. Dieses Thema jagt jedem Verkäufer einen kalten Schauer den Rücken hinab! Viele Verkäufer warten aber auch regelrecht darauf, innerlich ängstlich verkrampft, bis der Kunde endlich auf den Preis zu sprechen kommt.

4. Der Verkäufer glaubt, der Kunde sei cleverer als er

Kunden lassen den Verkäufer häufig spüren, dass sie bestens informiert sind. Die Folge ist, dass der Verkäufer verunsichert ist. Er glaubt sogar, dass der Kunde cleverer sei, weil er mehr wisse und außerdem „am längeren Hebel sitzt". Auf der anderen Seite haben Verkäufer oft eine riesengroße Angst davor, Wissen, das sie in Trainings erarbeitet und eingeübt haben, tatsächlich bei Kundengesprächen anzuwenden. Sie setzen es nicht in die Praxis um, weil sie denken, dann vielleicht zu forsch aufzutreten oder zu direkt vorzugehen. Hier handeln dann doch viele wieder nach der alten Devise: Lieber mit dem Kunden ein bisschen mehr kuscheln als verkaufen!

5. Der Verkäufer ist sich ganz sicher: „Der Kunde hat es sowieso einfacher als ich!"

Manchmal ist es gar nicht die große Angst des Verkäufers, die ihn beschäftigt, manchmal ist es auch einfach nur das Gefühl, dem Kunden ausgeliefert zu sein. Schließlich hat dieser ja Viele, die ihm etwas verkaufen wollen. Für ihn ist es deshalb ja viel leichter, eine Entscheidung zu treffen. Sie dürfen als Verkäufer aber auch nicht vergessen, dass der Kunde für sein Unternehmen die beste und wirtschaftlichste Entscheidung treffen muss. Und das ist beispielsweise als Einkäufer auch nicht immer leicht. Hier ist der Blickwinkel des Verkäufers oft etwas eingeschränkt – schließlich hat er auch viele Interessenten oder Kunden, an die er verkaufen kann. Ein an sich ausgewogenes System erscheint dem Verkäufer keineswegs so: Der Fokus, der Blickwinkel des Verkäufers ist – ähnlich wie Scheuklappen beim Pferd – sehr, sehr eingeengt und er sieht deshalb oft nur diesen einen Punkt, der ihm natürlich Angst macht.

Erstaunlich ist, dass Verkäufer auch dann oft noch Angst haben, wenn sie den Abschluss längst in der Tasche haben. Denn auch wenn das Kundengespräch gut verlaufen ist, kann es sein, dass der Verkäufer hier vielleicht zu viele Zugeständnisse gemacht hat, die er nun auch im eigenen Unternehmen noch einmal verkaufen muss.

Lösungen für und gegen die Angst

Eines ist auf den letzten Seiten wohl klar geworden: Angst ist für den Verkäufer ein sehr reales und immer gegenwärtiges Gefühl. Dieses abzustellen ist nicht (so leicht) möglich und wahrscheinlich auch gar nicht nötig. Allerdings gibt es schon Hilfestellungen für den Verkäufer, diese Angst vor und während des Verkaufsgesprächs und vielleicht sogar danach auszuhalten und vielleicht sogar zum eigenen Vorteil zu nutzen. Versuchen Sie es einfach damit: Immer wenn Sie merken, dass diese undefinierbare Angst aufkommt, dieses Kribbeln im Bauch beginnt und Sie deshalb nicht mehr klar denken oder handeln können, sagen Sie zu sich selbst: „Diese Angst ist für mich förderlich! Sie warnt mich in kritischen Situationen, macht mich aufmerksam und hilft mir, richtige Entscheidungen zu treffen. Ich lasse nicht zu, dass die Angst mich bestimmt. Ich bestimme, was geschieht, in jedem einzelnen Moment – vor, während und nach dem Verkaufsgespräch bin ich Herr der Dinge." Leichter gelingt dies mit folgenden Grundsätzen:

1. Machen Sie sich klar: Angst ist ein erlerntes Muster, das ich nur verlernen kann, wenn ich mich der Situation und damit der Angst stelle!
2. Ängstliche Gedanken führen zu Angstgefühlen. Deshalb prüfen Sie: Denke ich, dass in dieser Situation sowieso wieder etwas Schlimmes passieren wird? Tritt dieses Schlimme tatsächlich jedes Mal ein? Oder ist es vielleicht bisher nur einmal passiert.
3. Ich stelle mich meiner Angst, denn nur so kann ich erleben, dass ich diese Angst aushalten kann und sie mir nicht gefährlich wird.

4. Ich weiß, dass es mich Energie kostet, mich trotz Angst der Situation zu stellen.
5. Überlegen Sie: Sollte das, was Sie befürchten, tatsächlich eintreten, haben Sie dann wirklich keine Möglichkeit, damit umzugehen?
6. Was werden Sie genau dann machen?
7. Was ist das Schlimmste, was passieren kann?

Mit zunehmender Übung wird die Angst abnehmen. Sie werden immer mehr Sicherheit erhalten und eines Tages werden Sie sich fast nicht mehr erinnern können, dass Sie in einer derartigen Situation tatsächlich einmal Angst empfunden haben. Andere Dinge werden Sie ängstlich machen, aber auch das können Sie mit der genannten Strategie auflösen.

4.2 Sie handeln, wie Sie fühlen!

Mit dem Thema Angst haben wir uns nun ausführlich auseinandergesetzt. Aber es gibt auch noch weitere Gefühle, die oft über die Qualität unserer Verkaufsgespräche entscheiden. Verkäufer wissen, dass beim Kunden oft Gefühle darüber entscheiden, ob er kauft oder nicht, ob ein Abschluss zustande kommt oder nicht. Hier sollen Verkäufer Emotionen wecken, auf der anderen Seite aber die eigenen Gefühle, in erster Linie natürlich Angst, unterdrücken. Viele Verkäufer geben sich tough – Gefühle zulassen kommt nicht in Frage. Immer wieder stellt sich im Business die Frage, ob Gefühle im modernen Geschäftsleben überhaupt erwünscht sind? Erwünscht hin oder her – es gibt diese Gefühle nun einmal und deshalb macht es auch Sinn, sich mit ihnen auseinanderzusetzen. Wie also geht der Verkäufer zum Beispiel mit Gefühlen des Kunden (Angst aufgrund schlechter Geschäftslage ...) um? Oder wie verhält er sich bei Aussagen wie: „Wir hatten früher schon einmal Probleme mit Ihren Produkten!"

Manchmal versuchen Kunden auch bewusst, beim Verkäufer negative Gefühle zu erzeugen. Um den Verkäufer zu verunsichern, bemerken Sie manchmal ganz nebenbei: „Ich hole mir mal noch ein Konkurrenzangebot ein" oder: „Wir haben noch eine Alternative im Blick." Kein Verkäufer, der aufgrund dieser Aussagen nicht beunruhigt ist. „Ich bin mir nicht sicher, ob wir das jetzt schon machen oder ob wir das nicht doch noch einmal aufschieben." Und schon denkt der Verkäufer: „Vorbei mit dem Abschluss!", „Jetzt hat sich der ganze Aufwand doch nicht gelohnt." Und bei allem Wissen um die emotionalen Zusammenhänge darf ein Verkäufer sich in diesem Moment seine Gefühle nicht anmerken lassen. Jetzt um den Auftrag zu „betteln", vorschnell den Preis zu reduzieren (obwohl der Kunde diesen von selbst noch nicht einmal angesprochen hatte) und dem Kunden wiederum ein schlechtes Gewissen einreden zu wollen, ist keine gute Idee. Jetzt muss der Verkäufer Souveränität beweisen! Jetzt muss er selbstbewusst das Spielfeld verlassen, wohl wissend, dass der nächste Termin, das nächste Gespräch auch eine neue Chance ist, einen Abschluss zu tätigen. Zeigen Sie sich gerade an diesem Punkt selbstbewusst, nicht aber arrogant, damit der Kunde nicht den Respekt vor Ihnen verliert. Es gibt fast immer eine zweite Möglichkeit und dann sollten Sie dem Kunden wieder auf Augenhöhe begegnen können.

Stimmungsmanagement im Verkauf

Vielleicht kennen Sie auch folgende Situation aus eigener Erfahrung: Nach unverfänglichem Geplauder fängt der Kunde plötzlich an, über die wirtschaftliche Situation zu „jammern", sich über die hohen Kosten zu beschweren und über Gott und die Welt zu schimpfen. Hier hilft ein Grundsatz, der da lautet: Erst investieren, dann profitieren! Sie haben als Verkäufer nun die Aufgabe, den Kunden auf einen anderen und positiveren Weg zu lotsen, ohne diesen zu verärgern oder – als vermeintlicher Daueroptimist – zur Verzweiflung zu treiben. Positive Assoziationen wie zum Beispiel: „Welche Vorteile haben Sie in der Vergangenheit schon aus … gewonnen?" helfen dabei. Stimmen Sie also niemals in das Jammern ein, nur um Ihrem Kunden zu demonstrieren, dass Sie mit ihm fühlen. Ein kurzes Feedback ist erlaubt, dann sollten Sie einen Themenwechsel anstreben. Vielleicht schaffen Sie es sogar, mit „Welche Schlüsse haben Sie daraus gezogen?" kurz ins Wespennest zu stechen, um dann aber mit der Präsentation einer positiven Alternative gemeinsam mit Ihrem Kunden „die Kurve zu bekommen".

Die persönliche Stimmung des Verkäufers wirkt sich natürlich auf das Verkaufsgespräch aus. Was aber kann der Verkäufer tun, um in eine gute Stimmung zu kommen? Ein schönes Lied im Auto hat schon so manches Wunder vollbracht. Die Nachrichten mit den nächsten Katastrophenmeldungen hingegen sorgen sicher nicht dafür, dass man mit einem beschwingten Schritt das Büro des Kunden betritt. Natürlich sollten Sie über die wirtschaftlichen Begebenheiten informiert sein und die eine oder andere Meldung sorgt auch für einen gelungenen Gesprächseinstieg, aber viel wichtiger ist, dass Sie Ihrem Kunden tatsächlich in einer guten Stimmung gegenübertreten. Er kann nichts dafür, wenn Sie schlecht geschlafen, Streit mit Ihrer Frau und/oder Ihrer Freundin oder Ärger mit den Kindern haben. Als Verkäufer sollte es Ihre Berufung sein, die Herausforderungen, die Ihr Kunde an Sie stellt, zu lösen und ihn nicht noch zusätzlich mit irgendwelchen Dingen zu belasten – auch wenn es nur negative Schwingungen aufgrund Ihrer schlechten Stimmung sind. Sie sind vielleicht nicht für die Stimmung Ihres Kunden verantwortlich, aber ganz sicher für Ihre eigene!

Innovationsfeindlichkeit zahlt sich nicht aus!

Leider glauben immer noch viele Verkäufer, dass das, was sie wissen, ausreicht, um den Kunden zu überzeugen. Sie verhandeln unter dem Motto „Was früher gut war, ist es auch heute noch." Nach dieser Weisheit arbeiten viele Verkaufsmitarbeiter weiterhin im Stil der siebziger oder achtziger Jahre und nehmen Neuheiten und Veränderungen – weder im fachlichen Bereich noch in der Kommunikation – nicht mit der notwendigen sensiblen

Antenne wahr. Doch die Kunden haben sich verändert. Sie sind anspruchsvoller geworden und wechselbereiter. Diesen Veränderungen muss auch der Verkauf Rechnung tragen. Die Reizüberflutung und Zahl der Werbebotschaften steigt kontinuierlich, deshalb muss sich der Verkäufer immer wieder etwas Neues einfallen lassen, um den Kunden zu umwerben und sich mit seinem Angebot abzuheben.

... NUR DU VERKAUFST!

Überraschen Sie Ihren Kunden doch einmal mit einer anderen Art der Produktdarstellung. Statt ihm beispielsweise nur einen Prospekt mit den Eigenschaften des Produkts zu senden, könnten Sie ihm eine Dokumentation zukommen lassen, die etwas über die innovative Entstehungsgeschichte des Produkts erzählt und den Menschen, die das Produkt entwickelt haben, und warum gerade zu einem bestimmten Zeitpunkt dieses Produkt entstanden ist. Geschichten transportieren Gefühle und die wiederum wecken das Verlangen, das Produkt besitzen zu wollen.

Das Telefon als Verkaufsinstrument

Viele Verkäufer setzen immer noch auf den persönlichen Besuch beim Kunden vor Ort. Allerdings ist die Zeit des Kunden heute viel begrenzter als noch vor einigen Jahren. Damals hatte er vielleicht noch Zeit, sich auf einen Plausch einzulassen; heute ist er froh, wenn ihm ein Verkäufer weniger „die Zeit stiehlt“. Also Vorsicht: Natürlich ist der persönliche Kontakt wichtig und ein Kennenlernen von Angesicht zu Angesicht hat noch niemals geschadet. Allerdings muss der obligatorische Besuchstag vielleicht nicht mehr sein, zumindest nicht jeden Monat. Dafür übernimmt das Telefon den direkten Draht und reduziert die Zeit für den Kunden auf ein Minimum. Am Telefon kann nur ein Teil der Sinne genutzt werden, dafür wirken diese viel intensiver. Beachtet man dieses wichtige Detail, kann das Telefon als Verkaufsinstrument wertvolle Dienste leisten.

Von Verkäufern höre ich an dieser Stelle immer wieder, dass es heute schwieriger sei, etwas zu verkaufen, dass Märkte enger und der Wettbewerb härter würden, dass der Abschlussdruck enorm sei und die Kunden sowieso nicht mehr so schnell eine Kaufzusage gäben – vor allem nicht am Telefon.

Durchaus! Nur sind das nicht gerade die Herausforderungen, die Verkaufen spannend machen, die besondere Fähigkeiten erfordern und jeden Abschluss zu einem besonderen Erfolgserlebnis für den Verkäufer machen – gerade am Telefon. Dort kristallisieren sich immer wieder ähnliche Verhaltensweisen heraus, die Verkäufer verbessern sollten:

- Fragen und Produktvorteile sollten nicht wie abgelesen klingen
- Kunden spüren, dass Verkäufer oftmals gedanklich ganz wo anders sind
- Fragen werden wenig gezielt gestellt und auf Antworten wird nicht eingegangen
- Schnelles Sprechen deutet auf Unsicherheit hin
- Bei sicheren Abschlüsse werden nochmals Argumente zu Themen gebracht, die für den Kunden längst klar waren

Telefonieren macht nicht unsichtbar!

Viele Verkäufer machen am Telefon den fatalen Fehler, das Thema Körpersprache aus ihrem Denken und Handeln auszuklammern. Anstatt mit einem Headset zu arbeiten, klemmen sie den Telefonhörer zwischen Kopf und Schulter. In dieser verkrampften Haltung kann kein entspanntes Verkaufsgespräch stattfinden. Anstatt sich zu bewegen und mit einem Funk-Headset immer noch so mit dem Kunden verbunden zu sein, als sitze man ihm am Tisch gegenüber, wird nach irgendwelchen Unterlagen gesucht, die Stimme dabei lauter und leiser, je nachdem wie weit man sich vom Hörer entfernt. Doch diese Entfernung findet innerlich auch immer stärker zum Kunden statt, der Abschluss rückt in weite Ferne.

4.3 Dies ist Ihr Auftritt!

Des Verkäufers neue Kleider ...

Ich möchte Ihnen an dieser Stelle keine Tipps für das perfekte Outfit eines Verkäufers geben. Welche Krawatte zu welchem Anzug passt oder ob Sie lieber leger und locker zum Kunden gehen, dafür gibt es genügend Stilberater. Außerdem hängt das Outfit doch sehr von der jeweiligen Branche und den dortigen Begebenheiten ab. Viel wichtiger als das, was Sie einhüllt, allerdings ist das, was Sie ausstrahlen – obwohl sich beides sehr wohl stark beeinflussen kann. Und diese Ausstrahlung ist an Ihrer Körpersprache ebenso zu lesen wie in Ihrer Gestik und Mimik.

Wenn das Leuchten in den Augen fehlt ...

Der Blickkontakt ist im Verkaufsgespräch ein entscheidender Erfolgsfaktor. Nur so kann der Funke überspringen und während des Gesprächs die Begeisterung bei allen Beteiligten auch am Brennen gehalten werden. Wer ein Leuchten in die Augen des Kunden zaubern kann, wird als Verkäufer einfach leichter einen Abschluss erzielen.

... wird es mit dem Verkaufen schwer

Die meisten Verkäufer führen ein Verkaufsgespräch zwar mit guter Körpersprache, hervorragender Rhetorik und sinnvoll vorgebrachten Argumenten – jedoch fehlt vielen das Leuchten in den Augen. Anspannung und Aufregung in der Situation sind hier meist die Ursache, aber keine Entschuldigung!

Ohne dieses berühmte Funkeln, das sympathische Strahlen in den Augen fällt es schwer, etwas zu verkaufen, insbesondere dann, wenn das Produkt oder die angebotene Dienstleistung vergleichbar sind. Nun ist es natürlich nicht ganz einfach, eben jenen Ausdruck der Begeisterung, das Glitzern in den Augen eines Kindes, das eine Tüte Gummibärchen bekommt, im Blick zu trainieren, zumal persönlichkeitsbedingt individuelle Unterschiede zum

Tragen kommen. Mit ein paar kleinen Tricks kann aber jeder daran arbeiten, einen strahlenden Blick ins Gesicht zu zaubern:

1. Positive Vorstellungskraft

Eine oft genutzte Möglichkeit besteht darin, sich eine angenehme Begebenheit vorzustellen und diese dann als Bild mit in das Gespräch zu nehmen. Vielleicht denken Sie an einen wunderschönen Urlaubstag oder einen besonders glücklichen Augenblick mit Ihrer Familie. Dieses Vorgehen erfordert jedoch ein wenig Übung: Sie müssen sich mit allen Sinnen an diesen Moment zurückerinnern, um tatsächlich das positive Gefühl wieder in Ihnen wach zu rufen. Hilfreich ist dabei manchmal zum Beispiel ein Musikstück, das sie damals gehört haben. Die positive Vorstellungskraft birgt aber auch die Gefahr, sich durch allzu angenehme Erinnerungen von der eigentlichen Aufgabe ablenken zu lassen.

2. Bitte Lächeln

Ein anderer Weg hat etwas mit Körperkontrolle zu tun und kann mühelos vor dem Spiegel trainiert werden: Stellen Sie sich locker hin und schauen Sie sich gerade und mit festem Blick an. Konzentrieren Sie sich nun auf die vielen kleinen zarten Muskeln rund um Ihre Augen. Öffnen Sie dann die Augen ein wenig weiter als üblich und spannen Sie die Muskeln rundherum ganz leicht an. Achtung: Gemeint ist hier wirklich nur eine leichte Anspannung, kein Blinzeln! Wenn Sie nun Ihren Mund ganz leicht zu einem Lächeln verziehen, wirken Ihre Augen strahlender als zuvor. Probieren Sie es einfach aus – Sie werden merken, wie gut es funktioniert. Diese Übung können Sie dann ganz leicht im Verkaufsgespräch durchführen – und innerhalb weniger Sekunden empfindet der Kunde Ihren Blick als warm, vertraut und sympathisch.

Produkte wirkungsvoll darbieten

Verkäufer verlassen sich, wenn sie beim Kunden sind und etwas präsentieren, oft sehr stark auf ihren Laptop oder die Folien am Tisch-Flip-Chart. Soll eine Präsentation im größeren Rahmen, sprich mit mehreren Zuhörern stattfinden, werden natürlich auch Beamer benutzt. Oftmals ist es so, dass man für diese Präsentationen sehr viel Zeit verwendet – sowohl im Vorfeld als auch während des Verkaufsgespräches. Dann betritt der Verkäufer die Bühne, macht zur Einstimmung und weil er es so gelernt hat einen kurzen Small Talk und geht direkt auf seine Präsentation über. Diese gibt ihm Sicherheit, damit kennt er sich bestens aus. Die Präsentation wird meistens nur vorgestellt, ohne dass man den Kunden einbindet. Dabei besteht jedoch die Gefahr, dass man dem Kunden etwas erzählt, was ihn, zumindest zum Teil, nicht interessiert. Auf der anderen Seite werden die Dinge, die ihn interessieren, oftmals sehr schnell abgehandelt. Der Verkäufer, stark auf seine Präsentation fixiert, merkt weder das eine noch das andere.

Die Bedarfsermittlung als Basis: Wissen, was der Kunde genau will

Was innerhalb einer solchen Präsentation vergessen wird, ist oft eine Bedarfsermittlung, das heißt es werden nur die Produkte und Leistungen des Verkäufers, sprich des Unternehmens, vorgestellt, weniger aber der Bedarf des Kunden erarbeitet. Keine Frage, Präsentationen sind durchaus sinnvoll – aber nur, wenn Sie auch sinnvoll eingesetzt werden. Handelt es sich zum Beispiel um große Maschinen, die dem Kunden nicht live vor Ort demonstriert werden können, ersetzt eine Präsentation oft eine aufwendige Reise ins Werk. Aber auch Dienstleistungen können dank Präsentationen für den Kunden greifbarer gemacht werden.

Wir müssen uns allerdings bei Präsentationen immer die Frage stellen: „Was will der Kunde wirklich wissen?“ Interessant ist in diesem Zusammenhang auch die Frage: „Was weiß der Kunde nach der Präsentation überhaupt noch?“ Je nach Länge der Präsentation sollten sich Verkäufer auch fragen, ob diese für den Kunden eher (Bal)Last oder Lust bedeutet?

... NUR DU VERKAUFST!

Während der Präsentation macht es daher Sinn, sich zu jeder Folie, Grafik oder Bild, das man zeigt, eine offene Frage zu überlegen wie zum Beispiel:

- „Wie sind ihre Erkenntnisse in diesem Bereich?“
- „Welche Erkenntnisse haben sie in diesem Bereich bereits gewonnen?“
- „Wie arbeiten Sie in diesem Punkt?“
- „Wie setzen Sie ... bereits in der Praxis ein?“
- „Wann haben Sie das erste Mal über ... nachgedacht?“

Ihr Vorteil ist, dass Sie so sehr wirkungsvoll vom Präsentationsmonolog zum Verkaufsdialog kommen und den Kunden *aktiv* in die Präsentation einbinden. Das lässt Ihre Präsentation wesentlich lebendiger wirken.

Verkäufer steigen nur allzu oft und allzu gerne in ein Verkaufsgespräch ein, ziehen ihre Präsentation durch, stellen am Ende vielleicht noch ein oder zwei – im schlimmsten Fall – geschlossene Fragen und verabschieden sich wieder vom Kunden. Dabei geht es im Verkauf nicht darum, beim Kunden gewesen zu sein, eine Präsentation gezeigt zu haben und dann wieder zu gehen. Präsentationen oder eine Leistungsvorstellung sollten immer „Mittel zum Zweck“ für die Kommunikation mit dem Kunden sein, dürfen jedoch nie die Kommunikation an sich ersetzen. Wer es allerdings schafft, eine Präsentation professionell und clever als Kommunikationsinstrument zu verwenden, so den Weg im Verkaufsgespräch ein Stück weit vorzugeben, der hat auch die Chance, schon innerhalb der Präsentation den genauen Bedarf des Kunden zu analysieren.

... NUR DU VERKAUFST!

Im idealen Dialog und mit möglichen weiteren Fragen wie:

- „Wie wirkt das auf Sie?"
- „Was denken Sie, wie sie ... in ihren Prozess einfließen lassen können."
- „Was denken Sie, wie sich ... in ihrem Ablaufprozess verhält."

fordern Sie ein Feedback Ihres Kunden auf die einzelnen Teile der Vorstellung ein. Nur so erfahren Sie, was für den Kunden wirklich wichtig ist, was ihn tatsächlich interessiert und wie er darüber denkt.

Eine weitere Frage dazu könnte sein:

„Wie haben Sie ... bisher gelöst?"

Idealerweise bringen Sie den Kunden mit bestimmten Formulierungen dazu, dass er mehr redet und Ihnen zu einzelnen Teilbereichen dessen, was sie vorgestellt haben, weitere Details liefert. Wenn Ihnen das immer noch zu wenig erscheint, kann man das Ganze ein Stück weit verstärken, zum Beispiel durch zustimmendes Nicken. Aber bitte nicht den Wackel-Dackel machen, sondern einfach nur ganz dezent nicken oder vielleicht durch eine verbale Aussage etwas verstärken, wie zum Beispiel: „Hm, das klingt ja sehr interessant." oder: „Das interessiert mich, berichten Sie mir doch mal ein bisschen mehr darüber." Anstelle von berichten, das ja sehr offiziell klingt, können Sie auch sagen „Erzählen sie mir doch mal ein bisschen darüber." oder: „Was sind denn bei ... die besonderen Anforderungen?". Alle offenen Fragen zielen darauf ab, den Kunden dazu zu motivieren, dass er mehr Informationen zu den einzelnen Punkten preisgibt und damit Ihnen eine ideale Grundlage für die Bedarfsanalyse und Ihr strategisches Verkaufsgespräch gibt.

„Ich bringe selten die Firma mit zum Kunden!" Diese Aussage eines Teilnehmers hat mich beeindruckt und einmal darüber nachdenken lassen, wie Verkäufer wirklich strategisch sinnvoll ihre Firma, ihr Unternehmen präsentieren und vorstellen können? Manche Verkäufer fühlen sich tatsächlich regelrecht dazu gezwungen, die Firma zu präsentieren. In diesem Zusammenhang stellt sich die Frage: Hat der Verkäufer letztendlich nur die Firma, die er vorstellen und präsentieren kann oder geht es in erster Linie im Verkaufsgespräch nicht um ihn selbst als Person und Persönlichkeit? Durch was gewinnt man beim Kunden Anerkennung, Vertrauen und einen gewissen Status?

Gleichgültiges Auftreten wird sofort bestraft

Viele Verkäufer denken immer noch, dass der Kunde zu ihnen kommen muss, weil er schließlich etwas von ihnen möchte. Ein großer Irrtum, der sich in wirtschaftlich anspruchsvollen Zeiten fatal auf den Umsatz auswirken kann. Denn Verkäufer, die selbst die Initiative ergreifen und ihren Kunden Nutzwertinformationen unterbreiten, sind im Vorteil. Wenn diese auch noch zur rechten Zeit kommen, macht sich der Kunde oft nicht mehr die Mühe, Angebote von der Konkurrenz einzuholen, sondern greift spontan zu. Leider warten Verkäufer immer noch zu oft ab und auf bessere Zeiten oder Aufträge, die einfach so ins Haus flattern. Sie zeigen sich zudem wenig enthusiastisch in der Kommunikation mit ihren Kunden. Die Liebe zum Verkaufen – und damit die Fähigkeit zu begeistern – wird nur von Wenigen gelebt.

... NUR DU VERKAUFST!

Versuchen Sie, die Dinge aus der Sicht des Kunden zu sehen. Scheuen Sie sich nicht, selbst aktiv zu werden, und gehen Sie direkt auf ihre Kunden zu – direkte Ansprache des Kunden ist die perfekte Verkaufshilfe.

Verkäufer wollen Gelassenheit und Souveränität ausstrahlen und merken manchmal nicht, dass es beim Kunden als Gleichgültigkeit rüber kommt – was tun?

Gesprächskalibrierung

Für Verkäufer ist es wichtig, die eigenen Gedanken ins Zentrum zu bringen und auch im Gespräch mit dem Kunden nie den roten Faden zu verlieren. Da gibt es Unterbrechungen in der Präsentation, dort klingelt mal eben schnell das Telefon und der Interessent muss einen Anruf entgegennehmen, und vielleicht kommt auch noch schnell ein Mitarbeiter ins Büro des Betriebsleiters – hilfreich ist dann eine Gesprächskalibrierung, die das Gespräch immer wieder auf den Punkt bringt. Darüber hinaus unterstützt diese Gesprächskalibrierung den Verkäufer aber auch darin, innerhalb einer gewissen Bandbreite die verschiedenen Vorstellungen auf eine Wellenlänge zu bringen.

Um diese Gesprächskalibrierung zu erreichen, muss für den Verkäufer das Ziel klar definiert sein. Der Verkäufer muss sich auf die Thematik einstellen: Je genauer ich es schaffe, mich zu kalibrieren, umso besser bin ich in der Lage, an der Sache dran zu bleiben und am Ende den finalen Punkt zu treffen. Immer wieder müssen Sie es so schaffen, den Kunden einzufangen, sich immer wieder anzunähern. Vorstellen können Sie sich das Ganze wie viele kleine Trichter, die Sie gemeinsam mit Ihrem Kunden durchlaufen. Sie haben ein gemeinsames Thema, entfernen sich durch unterschiedliche Blickwinkel voneinander, Sie nähern sich durch geschickt gestellte, offene Fragen wieder an, haben einen Punkt erledigt und dann fängt das Ganze wieder von vorne an.

Im Vorfeld ist es entscheidend, dass der Verkäufer für sich selbst eine Kalibrierung vornimmt, wohl wissend, dass auch der Kunde eine Kalibrierung hat. Die große Kunst besteht nun darin, während des Gesprächs die beiden

Kalibrierungen zusammen zu bringen, die Zielsetzungen abzugleichen und am Ende den großen Treffer zu landen.

Gehen Sie dabei alle Gesprächsebenen durch:

Bedarfsanalyse: Der Kunde will das ... festhalten!

Argumentation: So vom Kunden akzeptiert!

Zwischenziele: Diese Meilensteine haben wir gemeinsam festgelegt!

Abschluss: Folgende Eckpunkte wurden vereinbart!

Dies alles sind Meilensteine, die in Form von Teilvereinbarungen den beteiligten Gesprächspartnern Sicherheit geben. Im Rahmen einer Gesprächskalibrierung werden bestimmte Verhandlungsschritte deutlicher kommuniziert und bewusster vollzogen.

Wie treffen Verkäufer auf Anhieb den richtigen Ton?

Die Frage sollte wohl eher lauten: Welche Töne schlägt der Kunde an? Als Verkäufer tun sie gut daran, erst einmal den Kunden reden zu lassen. Steuern Sie dies über eine geschickte Fragetechnik. Hören Sie dem Kunden zu und in ihn hinein. Wie ist die Tonie des Kunden? Erst dann passen Sie sich Zug um Zug dem Ton Ihres Kunden an. Warum? Ganz einfach: Weil wir gerne mit Menschen sprechen, die so sind wie wir. Verwenden Sie also ruhig die ähnlichen oder gleichen Begriffe, die auch Ihr Kunde immer wieder laut ausspricht oder die auf dessen Anfrage genannt sind. Sprechen Sie die Sprache Ihres Kunden. Stimmen Sie sich auf ihn ein. Umso leichter gelingt es Ihnen, Sympathie zu wecken und Vertrauen aufzubauen.

Damit das Gespräch vom Anfang bis zum Ende einen exzellenten Verlauf nimmt, müssen Verkäufer bereits im Vorfeld eine grundlegende Gesprächsstrategie erarbeiten. Grundlegend deshalb, um sie auf mehrere Verkaufsgespräche übertragen zu können. Betrachten wir das Ganze noch einmal sportlich: *Im Fußball zum Beispiel ist für den Erfolg einer Mannschaft die Aufstellung und die Strategie ausschlaggebend. Natürlich richtet der Trainer diese beiden Faktoren immer wieder auf die aktuellen Begebenheiten, sprich gegnerische Mannschaft, Wetterverhältnisse, Fitness-Level der eigenen Spieler und andere aus. Er greift bei den Spielern immer wieder auf den gleichen Fundus zurück, versteht es aber, die Positionen immer wieder neu zu besetzen.* Kommen wir zurück zum Verkauf und Ihrer Aufgabe als Verkäufer: Sich immer wieder auf besondere Einflussfaktoren oder vorhandene Begebenheiten einzustellen, können Sie nur, wenn Sie auf Strategien zurückgreifen können. Das heißt, ich muss mir im Vorfeld ein Potpourri zurechtlegen, gewissen Strategien im Portfolio haben und wissen, wie funktioniert welche Strategie bei welchem Einsatz. Ähnlich wie auch der Fußballtrainer genau weiß, wie dieser oder jener Spieler auf der jeweiligen Position tickt.

Viele Verkäufer kennen zwar verschiedene Strategien, sind aber nicht in der Lage, diese im Gespräch umzusetzen. Natürlich sind dafür auch die Voraussetzungen entscheidend: Kenne ich den Kunden, kann ich zielgenauer agieren, weil ich mir die Strategien im Vorfeld besser zurecht legen kann. Anders bei Erstpräsentationen. Hier müssen Sie eventuell das „Hinspiel" abwarten, möglichst viele Informationen sammeln und sich dann für das „Rückspiel" neu ausrichten.

Der rote Faden im Verkaufsgespräch

Bisher war ein Verkaufsgespräch klar strukturiert und die meisten Verkäufer hielten sich daran: Vorbereitung, Gesprächseröffnung, Bedarfsanalyse, Produktvorstellung, Abschlussphase und Nachbereitung. Hielt man sich an diesen Ablauf, konnte (eigentlich) gar nicht mehr so viel schief gehen.

Allerdings waren die Gespräche dadurch meistens auch sehr technisch. Verkäufer neigten dazu, relativ schnell auf die technischen Details – da kannten sie sich schließlich aus – einzugehen. Das Ganze wirkte eher monoton und sehr leblos. Oft war keine wirkliche Strategie wahrnehmbar – lediglich ein klares Ziel war vorhanden: Ich will den Abschluss! Ohne erkennbare Zwischenziele haben sich Verkäufer meistens zu stark vom Kunden beeinflussen lassen. Aufgrund der wenig bis gar nicht vorhandenen eigenen Performance des Verkäufers hat der Kunde bestimmt und der Verkäufer ist diesem gefolgt.

Die Phasen eines Verkaufsgespräches gibt es natürlich nach wie vor. Sie geben einen wertvollen Rahmen vor, an dem sich ein Verkäufer logischerweise auch orientieren sollte. Allerdings gibt es unter dem Aspekt „... NUR DU VERKAUFST" für den Verkäufer tatsächlich einen roten Faden im Verkaufsgespräch. Jetzt führt der Verkäufer den Kunden und lenkt das Gespräch in die von ihm gewünschte Richtung. Jetzt bestimmt der Verkäufer das Gespräch – mit ebenso viel Leidenschaft wie Mut und dem Willen, den Abschluss strategisch zu erzielen.

Ein mutiger Verkauf in fünf Schritten

Abbildung 4: Ein mutiger Verkauf in fünf Schritten

1. Konsequente Vorbereitung

Mutig zu verkaufen heißt nicht, sich einfach unvorbereitet und kopflos ins Gespräch zu stürzen. Eine konsequente Vorbereitung gehört zu den Basisfaktoren eines erfolgreichen Verkaufsgesprächs. Ob nun Neu- oder Bestandskunde – Sie müssen als Verkäufer immer mit entsprechenden Informationen in das Gespräch gehen. Sei es Grundsätzliches über das Unternehmen, wenn Sie dieses zum ersten Mal besuchen oder Aktuelles, wenn es ein Kunde ist, mit dem Sie regelmäßig Kontakt haben. Überlegen Sie, mit wem Sie das Gespräch führen werden, welche Wünsche Ihr Gesprächspartner hat und vor allem, mit welchem Ziel Sie die Verhandlung aufnehmen. Auch wenn Sie schon seit vielen Jahren im Verkauf tätig sind, gehen Sie niemals unbedarft an ein Gespräch heran. Das hat wirklich nichts mit Mut zu tun, sondern ist allenfalls leichtsinnig.

2. Zielgerichtetes Verkaufsgespräch

Mit dem Vorsatz „Schauen wir mal, dann wird es schon!“ sind bereits viele Verkäufer gescheitert beziehungsweise haben sich gewundert, warum sie keinen Erfolg verbuchen konnten. Wie wollen Sie eine Verhandlung führen, wenn Sie nicht wissen, was Sie wollen beziehungsweise was nicht? Nehmen Sie sich ein Beispiel an Rechtsanwälten: Reichen diese eine Klage ein oder verteidigen einen Mandanten, dann haben diese immer ein genaues Ziel. Und auch wenn es letztendlich auf einen Vergleich hinaus läuft, so ist dieser nur möglich, weil beide Seiten von Anfang an klar und deutlich ihr Ziel kommunizieren. Überlegen Sie sich also vor jedem Gespräch, welches Ziel Sie verfolgen. Vielleicht machen Sie dies zumindest am Anfang sogar schriftlich. Einkäufer wissen meistens sehr genau, was sie brauchen und was sie dafür investieren wollen und dürfen.

3. Ausgefeiltes Angebot

Sie und Ihr Kunde haben die Ziele abgeglichen. Der Eine weiß, was der Andere will beziehungsweise bieten kann. Wünsche, Bedürfnisse und der Bedarf Ihres Kunden sind für Sie gesetzt – im positiven Sinne. Nun liegt es an Ihnen, diese zusammenzufassen und ein ausgefeiltes Angebot auszuarbeiten. Auch hier dürfen Sie es sich nicht zu leicht machen. Standardisierte Vorgehensweisen sind etwas Wunderbares, sie lassen sich allerdings nicht immer und überall wirklich wertvoll einsetzen. Auch wenn es vermeintlich mehr Mühe macht: Je ausgefeilter und strategischer Sie Ihr Angebot ausarbeiten und aufbauen, desto weniger müssen Sie erfahrungsgemäß nachbessern und umso schneller erzielen Sie Ihren Abschluss.

4. Abschluss/Finale

Haben Sie den Mut, wenn Sie die vorhergehenden Schritte sauber aufgesetzt haben, das Finale einzuleiten. Die Vorrunde haben Sie erfolgreich absolviert, viele Spiele gewonnen oder zumindest ein Unentschieden bewirkt. Der Abschluss ist nun die logische Folge, die zwar etwas Mut erfordert, aber für Sie, mit entsprechender Übung, von Mal zu Mal leichter wird. Bringen Sie also zu Ende, was Sie begonnen haben. Gehen Sie gemeinsam mit Ihrem Kunden über die Ziellinie.

5. After-Sales-Service

Kennen Sie Kaufreue? Vielleicht haben Sie schon einmal etwas gekauft und kurz danach dachten Sie: „Na ja eigentlich hätte ich das nicht unbedingt gebraucht. Vielleicht hätte ich es woanders doch noch günstiger bekommen können.“ Manchmal gehen wir auch nach Hause und holen von unserem Mann oder unserer Frau das nachträgliche o.k. ein: „Ja, das Kleid sieht wunderschön aus und war jeden Euro wert!“, „Ja, das Schnäppchen hast du unbedingt machen müssen. Es war vollkommen richtig, den DVD-Player zu kaufen.“ Für Kunden ist es manchmal enorm wichtig, den Kauf zu rechtfertigen – im ersten Schritt sich selbst, aber auch anderen Menschen (Chef,

Vorgesetzter, Familie, Freunde) gegenüber. Als Verkäufer können Sie Ihrem Kunden dabei helfen: Gratulieren Sie diesem doch noch einmal schriftlich zum Kauf. Oder fragen Sie nach einer bestimmten Zeit persönlich nach, wie er mit dem erworbenen Produkt zurechtkommt. Ein guter After-Sales-Service ist die beste Voraussetzung, auch zukünftig Umsatz mit diesem Kunden zu machen. Haben Sie allerdings ein Produkt, das erfahrungsgemäß eher selten ein zweites Mal erworben wird (Eigenheim, große Produktionsanlage oder anderes) dann sehen Sie den After-Sales-Service als beste Maßnahme für ein erfolgreiches Empfehlungsmanagement. Haben Sie den Mut, Ihren Kunden zu fragen, wer noch von Ihren Leistungen profitieren kann.

Lassen Sie den Kunden erkennen, dass Sie verkaufen wollen!

Wie kann der Verkäufer das schaffen? Ist ja eigentlich selbstverständlich – jedoch merken es Kunden manchmal nicht, dass ein Verkäufer tatsächlich verkaufen will. Beraten ja, verkaufen – na ja, dann nehme ich den Umsatz halt mit.

4.4 Jeder Widerstand hilft Ihnen weiter – warum der Preis nicht das Rennen macht?

Wenn alles immer reibungslos laufen würde, wäre es auf Dauer ganz schön langweilig. Vergleichen wir Verkaufen einmal mit dem Kraftsport, dann brauchen nicht nur Muskeln den Widerstand eines Gewichts, um zu wachsen. Auch Verkäufer brauchen einen solchen Widerstand, um zu wachsen – in Form von Kunden, die besondere Ansprüche stellen, die Einwände vorbringen, die einfach nicht so leicht zu begeistern sind. Erst dadurch trennt sich im Verkauf die Spreu vom Weizen. Erst hier zeigt sich, welcher Verkäufer das Zeug zum erfolgreichen Verkäufer hat. Es ist nämlich genau der Verkäufer, der sich diesen Widerständen stellt, der nicht aufgibt, sondern daran arbeitet und trainiert, bis er das Gewicht locker stemmt und vielleicht sogar noch eins drauf legen kann. Beim nächsten Widerstand macht es erfahrungsgemäß schon mehr Spaß, weil Sie wissen beziehungsweise erfahren haben, dass dies nicht das Ende eines Verkaufs bedeuten muss.

Der Verteilfaktor

Seit wann kennen Sie den Verteilfaktor des Geldes? An dieser Stelle möchte ich Ihnen gerne einmal aufzeigen, welche Rolle dieser im Verkauf spielt. Jeder Mensch hat eine bestimmte Summe X zur Verfügung, die er ausgeben kann. Diese Summe X fließt in bestimmte vorgegeben Bereiche. Früher waren diese Bereiche noch überschaubar. Sprich: Eine Familie im Jahr 1950 teilte das ihr zur Verfügung stehende Geld grob in drei Bereiche: Wohnen, Lebensunterhalt, Sparen. Schon zehn Jahre später kam mit den beginnenden Urlaubsreisen ein weiterer Bereich hinzu. Heute teilt sich dies

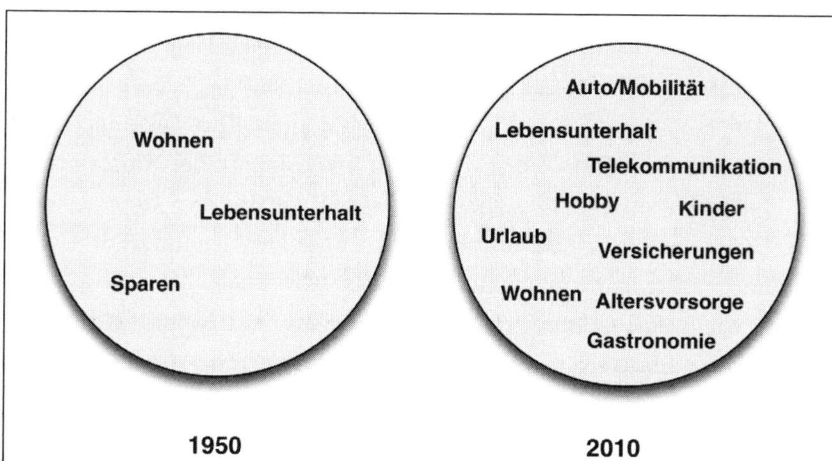

Abbildung 5: Verteilfaktor des Geldes; Quelle: IPT® Innovatives Personaltraining

in unzählige Bereiche: Lebensunterhalt, Wohnen, Auto/Mobilität, Urlaub, Telekommunikation, Hobby, Gastronomie, Versicherungen, Kinder, Altersvorsorge und anderes. Die vergleichbare und zur Verfügung stehende Summe hat sich im Verhältnis vielleicht nicht extrem verändert, verändert haben sich allerdings die daraus resultierenden Summen, die für die einzelnen Bereiche zur Verfügung stehen. Gleichzeitig bedeutet dies für den Verkäufer, dass ihm ein entsprechend kleinerer Anteil am Kuchen zur Verfügung steht. Oder aber, er schafft es, so überzeugend zu verkaufen, dass der Kunde ihm einen weiteren Anteil zugesteht, für den dieser aber, und das sollte auch Ihnen als Verkäufer zumindest bewusst sein, in einem anderen Bereich Abstriche machen muss.

Umso wichtiger ist deshalb heute für den Kunden auch die Höhe der Investition, das heißt, er wird natürlich versuchen, in einzelnen Bereichen immer wieder etwas einzusparen, um es dann in einem anderen Bereich wieder zu investieren.

Vom Preis und dem Wert einer Ware

Wenn der Kunde zum Beispiel sagt: „Also wissen Sie, Ihre Leistung ist mir zu teuer!“, dann sollten Sie in jedem Fall, wie immer bei Widerständen, mit offenen Fragen arbeiten, zum Beispiel „Was außer dem Wert der Ware (oder Dienstleistung) ist für Sie ein nachhaltiges Entscheidungskriterium?“ Wir sprechen hier bewusst nicht vom **Preis** „Was außer dem Preis ist für Sie ein nachhaltiges Entscheidungskriterium?“, sondern von **Wert**, weil dieses Wort einfach eine andere Belegung im Kopf des Kunden hat. Bei Preis denkt der Kunde sofort wieder: „Aha, der Preis ist (zu) teuer.“ Mit dem Wert der Ware versuchen wir, den Preis erst einmal auszuklammern. Wir wollen den Kunden in eine andere Richtung lenken und dazu bewegen, uns ein nachhaltiges Entscheidungskriterium, außer dem Preis, zu nennen. Erfahrungsgemäß tun sich Kunden damit schwer, weil sie verunsichert sind und die Frage gar nicht so leicht zu beantworten ist. Aber haben Sie als

Verkäufer ruhig den Mut, dran zu bleiben, denn schließlich möchten Sie vom Kunden letztendlich noch einmal Bewertungsgrundlagen haben, nach welchen Richtlinien oder nach welchen Kriterien er die Vergabe durchführt.

Um jeden Preis verkaufen?

Der Preis ist eine Größe, zu dem ein bestimmtes Produkt oder eine Leistung von einem Hersteller, Dienstleister oder Händler auf dem Absatzmarkt angeboten wird. So einfach könnte es sein – wenn da nicht der feilschende Kunde wäre, der verhandeln möchte, der um jeden Cent kämpft, der damit rechnet, dass der Verkäufer schon einen Nachlass einkalkuliert hat.

Wie Verkäufer den Spannungsbogen zelebrieren

Eigentlich fing alles ganz einfach an: Unsere Vorfahren tauschten die Waren, die sie entbehren konnten, mit anderen Menschen aus und erhielten dafür, was ihnen fehlte. Ein faires und einfaches Geschäft. Doch spätestens seit der Einführung von Zahlungsmitteln gestaltet sich das Ganze nicht mehr so einfach. In den letzten Jahrzehnten hat sich der Kunde von Mündigkeit über Selbstbewusstsein bis hin zur Revolte entwickelt. Wer nicht feilscht, ist selbst schuld! Geiz gehört dazu! Mit solchen markanten Sprüchen wurde der Kunde regelrecht scharf gemacht – abgerichtet, keinen Preis einfach so zu akzeptieren, sondern immer nach Preisnachlässen, Sonderkonditionen, Mengenrabatten oder Zusatzleistungen zu fragen. Wie hoch, niedrig, günstig, fair oder angemessen ein Preis ist, steht nicht mehr nur aufgrund der Kalkulation der Herstellers oder Händlers fest oder wird durch Angebot und Nachfrage bestimmt, sondern liegt längst im persönlichen Empfinden des Kunden beziehungsweise dessen Fähigkeit des Verhandelns.

„Rabatt und Skonto, lass dir sagen, wird vorher immer draufgeschlagen!"

Dieser Satz aus dem Volksmund beinhaltet viel Wahres. Auch, wenn uns vorgemacht wird, dass alle Preise verhandelbar sind, stellt sich doch die Frage, wo dann noch eine faire Kalkulationsgrundlage vorhanden ist und vor allem, wie der Kunde tatsächlich den Wert der Ware mit allen Attributen vergleicht. Wenn Preise seriös kalkuliert sind, sollten sie auch für alle Kunden gleich gelten, ansonsten würden ja Kunden, die nicht handeln, mit einem höheren Preis regelrecht bestraft. Das Thema Preis ist also für beide Seiten – Kunden wie Verkäufer – ein heikler Bereich, mit dem sich gerade Verkäufer vor ihren Kundengesprächen unbedingt gedanklich intensiv auseinandersetzen müssen. Folgende Strategien helfen Verkäufern dabei, die Preisthematik zukünftig aktiver zu betrachten und zu gestalten:

Der Preis im Kopf des Verkäufers

Viele Verkäufer glauben schon auf dem Weg zum Kunden fest daran, dass dieser die Ware als zu teuer einstufen wird. Und falls nicht, gibt es ja immer noch den Verkäufer: Spricht der Kunde den Preisaspekt nicht an, bringt manch ein Verkäufer, unbewusst so mit der Preisspirale in seinem Kopf beschäftigt, den Kunden erst auf den Gedanken. Natürlich muss ein Verkäufer sich mit dem Wert der Leistung auseinandersetzen und auch wissen, wo er denn im Vergleich zum Wettbewerb steht, allerdings gibt es auch noch andere, weitaus wichtigere und wertvollere Aspekte im Verkaufsgespräch.

Mit Leistungen begeistern

Kommt der Kunde auf den Preis zu sprechen, ist es nicht damit getan, Phrasen zu dreschen oder auswendig gelernte Kommunikationsstrategien anzuwenden. Viel wichtiger ist es, ganz individuell auf den Kunden und die Gegebenheiten einzugehen. Die Frage ist: Wie taktieren Verkäufer am geschicktesten? Versteht es der Verkäufer, den Spannungsbogen geschult und witzig aufzubauen, ist ihm die Aufmerksamkeit des Kunden am Ende des Gesprächs gewiss und er kann den Preis regelrecht zelebrieren. Über eines sollte sich der Verkäufer im Klaren sein: Sobald der Preis genannt ist, ist das Verkaufsgespräch meistens zu Ende! Schlecht ist, wenn es der Verkäufer bis dahin nicht geschafft hat, den Nutzen beziehungsweise die Leistungen über die reine Ware hinaus zu präsentieren. Sicherlich versucht der Kunde, schnell auf den Preis zu sprechen zu kommen. Natürlich hat er keine Zeit und will möglichst schnell eine Information, um zu vergleichen, die Frage ist nur, mit was? Lernen Sie, dem Kunden nicht immer gleich das zu geben, was er will!

Wie vergleichen Interessenten?

Interessenten haben nur in den seltensten Fällen tatsächlich eine reale Vergleichsmöglichkeit und erfolgreiche Verkäufer kommunizieren dies, wenn der Kunde fragt: „Was kostet es?", ganz offen und ehrlich: „Welche Vergleichsmöglichkeit haben Sie? , wenn ich Ihnen keine Leistungen aufzeigen kann?" Der Preis alleine sagt schließlich nichts über die Wertigkeit der Ware (Qualität der verwendeten Materialien und anderes) und die Leistungsfähigkeit des Unternehmens (Service und anderes) aus. Statt auf die Frage nach dem Preis immer mit dem Preis zu antworten, reicht es manchmal schon aus, wenn der Verkäufer den Kunden einfach nur zum Nachdenken bringt: „Nach welchen Gesichtspunkten bewerten Sie das Produkt oder die Dienstleistungen?" oder „Was war die größte Innovation bei Ihrem jetzt eingesetzten Produkt in den letzten zwei Jahren?" Und schon ergeben sich neue Gesprächsimpulse oder Ansatzpunkte für neue Gesprächsebenen.

Geht es um das Thema Preis, sehen sich Verkäufer oft in der Rolle des Schwächeren. Der Kunde hat alle Macht, feilscht auf Teufel komm raus und wenn ich nicht mitgehe, kauft er seine Ware eben bei einem anderen Anbieter. Erst wenn es Verkäufern gelingt, dieses Eigenbild umzuwandeln, schaffen sie es, den Preis nicht mehr als Gefahr, sondern als Freund zu sehen, denn: Nur schwache Verkäufer verkaufen über den Preis, starke Verkäufer verkaufen über die Leistungsfähigkeit – der eigenen Persönlichkeit, der Ware/Dienstleistung und des gesamten Unternehmens.

Verbale Thematiken

Jeder Verkäufer hat im Erstgespräch mit Neukunden schon ein striktes „Nein“ erlebt, vor allem am Telefon. Das „Nein“ eines Kunden oder Interessenten ist etwas Selbstverständliches und muss kommen – sonst hätte er ja nur auf Sie und darauf gewartet, genau dieses Produkt oder jenes Angebot zu bekommen. Grundsätzlich kann man dieses „Nein“ natürlich umgehen, indem man geschickterweise keine geschlossenen Fragen stellt. „Ist das Thema ... denn interessant für Sie?“ kann vom Kunden leicht mit „Nein“ beantwortet werden. Fragen Sie hingegen „Seit wann profitiert Ihr Unternehmen denn schon von ...“ muss der Kunde Stellung beziehen. Erfolgreiche Verkäufer „zwingen“ ihren Kunden so zu einem Dialog.

Ursache und Wirkung von Widerständen

Was ist ein Widerstand? Wie entsteht ein Widerstand? Warum setzen Kunden überhaupt Widerstände ein? Und welche Reaktionen löst ein Widerstand beim Verkäufer aus? Fragen, mit denen wir uns an dieser Stelle einmal intensiv auseinandersetzen müssen, wollen wir diesem Schreckgespenst im Verkauf auf die Spur kommen. Ein Widerstand ist nichts anderes, als ein Zeichen des Kunden: „Ich bin noch nicht bereit für den Abschluss.“ Verkäufer müssen dieses Signal zunächst einmal erkennen und auch, dass dieser Widerstand nicht gegen ihn gerichtet ist, zumindest nicht gegen ihn als Person. Vielleicht hat er irgendetwas im Verkaufsgespräch nicht richtig erklärt. Vielleicht war auch alles richtig, was er getan hat. Kunden sind manchmal anspruchsvoll und nicht immer gibt es eine logische Erklärung für jedes Verhalten des Kunden. Den Widerstand allerdings einfach zu übergehen, ist auch keine Option.

Kunden setzen Widerstände oft ein, um den Verkäufer zu verunsichern, ihn bewusst in eine schlechtere Verhandlungsposition zu bringen. Besonders erstaunlich ist auch das Phänomen, dass Kunden in den meisten Fällen immer die gleichen Widerstände verwenden und einsetzen. Warum ist das so? Weil sie denken, dass diese den Verkäufer am besten treffen. Auf der anderen Seite fällt den Kunden meistens aber auch nichts Neues mehr ein. Haben Kunden hier etwa auch eine Konditionsschwäche? Und was bedeutet dies für den Verkäufer? Wenn dieser sich einmal intensiv mit den wichtigsten Widerständen oder Einwänden beschäftigt, dann ist er im Normalfall für all die Dinge gewappnet, die im Verkaufsgespräch kommen können.

Niemals rechtfertigen!

In vielen Verkaufssituationen erlebe ich es, dass Verkäufer anfangen, sich bei Widerständen zu rechtfertigen. Sie versuchen, nochmals ihre Position und ihren Standpunkt zu erklären. Doch ist das wirklich das, was der Kunde hören will? Es kann durchaus sein, dass der Kunde auf etwas ganz anderes fokussiert. Sollte es in der Tat etwas anderes sein, redet der Verkäufer am Kunden vorbei – so wird sich der Widerstand für den Kunden sicher nicht lösen. Leider lassen sich viele Verkäufer auch anmerken, dass sie sich vom Widerstand des Kunden getroffen fühlen. Sehr emotionale Reaktionen, die ich dann im LiveCoaching erlebe, sind keine Seltenheit. Dies macht sich oftmals durch Resignation oder einen manchmal auch beleidigten Unterton bemerkbar. Manche untrainierte Verkäufer lassen sich in dieser Situation auch eine gewisse Hilflosigkeit anmerken. Einige Verkäufer versuchen, über eine rechthaberische Methode den Widerstand zu lösen. Andere reagieren in einigen Fällen eher unbeholfen – sie wissen nicht, und zeigen dies deutlich, wie sie sich jetzt verhalten sollen. Oftmals werden auch argumentative Inhalte des Verkaufsgespräches nochmals wiederholt oder man beginnt das Verkaufsgespräch einfach noch einmal komplett von vorne.

Den Ball mit offenen strategischen Fragen zurückgeben

Die wichtigsten Fragen in diesem Zusammenhang sind: Wie sollten Verkäufer sich in einer solchen Situationen verhalten? Wie sollten Sie mit Widerständen umgehen? Eine ebenso einfache wie auch wirkungsvolle Strategie ist, den Ball wieder an den Gesprächspartner zurück zu spielen. Das ist auch die Technik, die ich in meinen Verkaufstrainings propagiere: Geben Sie den Widerstand mit einer offenen strategischen Frage an den Gesprächspartner zurück. Das klingt zwar einfach, bedarf aber doch einiger Übung und immer wieder Training. Aber dazu kommen wir gleich noch einmal. Im Vorfeld müssen Sie aber noch eines beachten: Diese Technik ist nur dann wirksam, wenn Sie diese tatsächlich und ausschließlich beim „verantwortlichen Ansprechpartner" anwenden. Viele Verkäufer haben jedoch nicht den Mut, nach dem verantwortlichen Ansprechpartner zu fragen. Sie versuchen eher mit den vorgeschalteten Personen die Dinge zu besprechen, weil von diesen eher weniger Widerstände zu erwarten sind. Leider vergessen viele Verkäufer dabei, dass der Auftrag immer noch vom Entscheider vergeben wird. Es nützt also sehr wenig, wenn Sie mit irgendeinem Ansprechpartner verhandeln, vielleicht auch noch dessen Widerstände auflösen und dann merken, dass dieser keine Entscheidung treffen kann. Aber steigen wir gemeinsam doch einmal in die Praxis ein.

Fragen, Einwände, Vorwände ... und was Verkäufer daraus machen können

Fragen, Einwände, Vorwände sind in Verkaufsgesprächen an der Tagesordnung. Damit hatten Verkäufer schon zu allen Zeiten zu kämpfen und das wird sich wohl auch nicht so schnell ändern. Die Frage ist nur, wie geht man am besten damit um? In meinen Trainings werden von den Teilnehmern am häufigsten diese fünf Widerstände – in der folgenden Klassifizierung – genannt:

Platz 5: ... senden Sie uns erst einmal Informationen
Platz 4: ... wir haben einen anderen Lieferanten
Platz 3: ... kein Interesse
Platz 2: ... kein Bedarf
Platz 1: ... zu teuer

Die Frage ist, wie gehen Sie als Verkäufer damit um? Ich habe hier einmal ganz konkrete offene strategische Fragen für Sie formuliert, die Sie unbedingt genau so stellen sollten, wie beschrieben. Nur so entfalten sie die volle Wirkungskraft auf Ihre Kunden und helfen Ihnen dabei, zu verkaufen, den Abschluss trotz Widerstand zu schaffen. Spezielle und für die Wirkung entscheidende Verstärkerwörter sind **fett** geschrieben. Diese sollten Sie auch etwas stärker betonen. Probieren Sie es ruhig einmal aus:

... NUR DU VERKAUFST!

Betonen Sie die Fragen auf unterschiedliche Weise und mit unterschiedlicher Gewichtung der einzelnen Wörter. Sie werden merken, dass der Bezug ein ganz anderer ist. Begriffe wie genau, besonders, im Einzelnen, speziell, jetzt, gemeinsam, werden Sie, ebenso wie die SIE- anstelle der ICH-Sicht, immer wieder entdecken. Dadurch steht der Gesprächspartner im Mittelpunkt, wir fokussieren auf ihn. Dabei wollen wir jedoch keine unterwürfige Kommunikation, sondern in jedem Fall auf Augenhöhe bleiben und verhandeln.

Im weiteren Verlauf will ich Ihnen die Fragen nicht nur mit auf den Weg geben, sondern ich will Ihnen die genauen Hintergründe vermitteln und Ihnen gerne dabei auch aufzeigen, welche Strategie die Frage beinhaltet. Also noch mal: Achten Sie bitte darauf, dass die Fragen genau so gestellt werden müssen. Hier nun die Beispiele:

Platz 5: ... senden Sie uns erst einmal Informationen

Was aus unserem Programm/Sortiment ist für Sie von besonderem Interesse?

Bestimmte Ereignisse auf einen Punkt zentrieren! Es macht natürlich einen Unterschied, ob wir nur von Interesse sprechen oder von einem „besonderen" Interesse. Lenken Sie Ihren Gesprächspartner auf einen bestimmten Punkt, und zwingen so den Gesprächspartner dazu, den Gesprächsinhalt näher und detaillierter zu klären.

Welche zielgenauen Dokumentationen sind für Sie von Bedeutung?
Mit dem Wort „zielgenau" fokussieren Sie auf einen bestimmten Punkt. Bitte beachten Sie auch, dass das Wort Dokumentationen eine höhere Wertigkeit als das Wort Prospekte oder Unterlagen hat.

An welche personenbezogene E-Mail-Adresse sollen wir die Dokumentation senden?
In vielen Unternehmen wird nur die allgemeine E-Mail-Adresse (info@... .de) bekannt gegeben, über die vorgenannte Frage versuchen Sie, gleich über die Frage das „personenbezogen" in den Mittelpunkt zu stellen. Es besteht durchaus eine größere Chance, den richtigen Ansprechpartner zu erhalten.

Platz 4: ... wir haben einen anderen Lieferanten

Was schätzen Sie an der Zusammenarbeit mit Ihrem jetzigen Lieferanten besonders?
Wertschätzend dem anderen und wertschätzend dem Kunden gegenüber. Aus dieser Wertschätzung heraus ist der Kunde eher bereit, sich zu öffnen. Mit dieser Frage wollen wir nicht, dass er uns alles oder irgendetwas nennt, sondern die Besonderheiten.

Welche Vorteile Ihres jetzigen Lieferanten nutzen Sie am häufigsten?
Hier ist wichtig, wie oben genannt, nicht auf irgendwelche Vorteile abzuzielen, sondern auf die, die am häufigsten auftreten. Im Normalfall sind die, die dem Kunden in dem Moment spontan einfallen, auch die präsentesten.

Nach welchen Kriterien bewerten Sie die Leistungsfähigkeit Ihres jetzigen Lieferanten?

Bewerten hat etwas damit zu tun, dass ich dem Kunden suggeriere, dass er eine solche Bewertung tatsächlich durchführt. Meistens wird er jedoch keine allgemeinen Kriterien haben. Damit zeigen Sie dem Kunden aber auch, dass Sie sich einer solchen Bewertung stellen.

Wie gewährleisten Sie die kontinuierliche Leistungsfähigkeit Ihres jetzigen Lieferanten?

Beides in Kombination ist wichtig, das heißt, der Kunde muss in dem Moment genau sagen, wie er die Leistungsfähigkeit gewährleistet und das auch noch kontinuierlich. Hier sprechen Sie den Einkäufer hinsichtlich seiner Verantwortung seinem Unternehmen gegenüber an.

Wie gehen Sie bei Lieferengpässen vor?

Dabei handelt er sich um eine visionäre Frage. Sie erhalten viele Informationen: Gibt es Lieferengpässe (wir übermitteln alleine durch die Frage, dass es diese beim bestehenden Lieferanten gibt), wie ist das Vorgehen in einem solchen Fall?

Gerade das gibt Ihnen doch die Möglichkeit, aus Ihrer sicheren Position heraus jetzt einmal zu vergleichen – welche Möglichkeit haben wir, eine Testanfrage von Ihnen zu erhalten?

Sie wiegen Ihren Kunden in Sicherheit: Ihnen kann ja nichts passieren! Und wenn Ihnen nichts passieren kann, können Sie auch nichts verlieren. Vergleich fällt deutlich leichter. Ein Test ist eher unverbindlich, gibt aber dem Verkäufer die Möglichkeit, erst einmal ins Gespräch zu kommen.

Platz 3: ... kein Interesse

Wann haben Sie Interesse?
Damit können Sie das zukünftige Interesse zeitlich eingrenzen.

Wie sichern Sie Ihre Wettbewerbsfähigkeit?
Wie schafft man es über eine bestimmte Zeit hinweg, ohne Interesse an Vergleichsprodukten, seine Wettbewerbsfähigkeit zu erhalten?

Wer gemeinsam mit Ihnen trifft diese Management/verantwortliche Entscheidung?
Diese Frage eignet sich durchaus auch sehr gut bei vorgeschalteten Personen (Sekretariat oder Zentrale). Sagen Sie nicht, wer „außer" ihnen oder wer „mit" ihnen, sondern: „gemeinsam mit Ihnen" – dies beinhaltet, die Entscheider auf eine Ebene zu stellen und keinen zu benachteiligen oder zu bevorzugen?

Platz 2: ... kein Bedarf

Wer gemeinsam mit Ihnen ist der verantwortliche Ansprechpartner für die Bedarfsermittlung?
Sie implementieren, dass es eventuell weitere Entscheidungsträger gibt, die Sie von Anfang an in den Prozess einbinden möchten.

Welche Möglichkeit haben wir, Ihren Bedarf jetzt zu wecken?
Finale Aufforderung an den Kunden, eine Entscheidung zu treffen. Jetzt – sofort!

Wann haben Sie wieder Bedarf?

Klare zeitliche Eingrenzung, die für Sie wichtig ist zur weiteren Terminvereinbarung. Erinnern Sie sich: Sie sollen kein Gespräch verlassen ohne weitere Zielvereinbarung. Stichwort: Brückenbauen in das nächste Gespräch!

Nach welchen Gesichtspunkten analysieren Sie Ihren Bedarf?

Mit dem Begriff „analysieren" wollen wir eine genaue zielführende Antwort des Gesprächspartners bezwecken.

Platz 1: ... zu teuer

Nach welchen Aspekten/Gesichtspunkten bewerten Sie das Angebot?

Damit zwingen Sie den Kunden, Kriterien abzugeben, nicht nur oberflächlich, sondern genauer zu definieren, wie er den Vergleich gemacht hat.

Auf was sind Sie bereit zu verzichten?

Dadurch machen Sie Ihrem Kunden klar, dass er, wenn er weniger investieren will, auch auf etwas verzichten muss.

Womit vergleichen Sie das Angebot?

So gewinnen Sie Zusatzinformationen, ob es noch andere Angebote gibt. Damit finden Sie heraus, wie der Kunde zu dieser Erkenntnis gelangt ist.

Welche Position sprechen Sie genau an?

Eingrenzen der Informationen, es geht nicht um alles, sondern um spezielle Dinge. Das verhindert, dass man als Verkäufer etwas anspricht, was für den Kunden eigentlich o.k. ist.

Falls Sie an diesem System selbst weiterarbeiten und eigene Fragen entwickeln wollen, sollten Sie folgende strategische Frageregeln beachten:

- Strategische Fragen immer offen formulieren (W-Fragen)
- Strategische Fragen nach Möglichkeit immer in der „Jetzt-Zeit“ (Gegenwartsform) stellen
- Konjunktive (hätten, könnten, müssten, ...) vermeiden

Wenn ich mit meinen Coaching-Teilnehmern diese strategischen Fragestellungen in Echtgesprächen mit deren Kunden trainiere, treten leider immer wieder die gleichen Herausforderungen auf. Am häufigsten sind dies:

- Die Verkäufer reden nach dem Stellen der strategischen Fragen weiter, im übertragenen Sinn heißt das: Sie zerreden ihre hochwertige Frage.
- Es werden sofort nach dem Stellen der strategischen Fragen Antworten vorgegeben.

Viele Verkäufer haben regelrecht Angst, nach der Frage nichts mehr zu sagen. Doch vergessen Sie nicht: Nur durch konsequentes Schweigen nach dem Stellen der Frage, können Sie den sanften Druck auf den Gesprächspartner erhöhen.

So entscheiden Sie den Wettbewerb für sich

Schnell(er als andere) und überraschend (anders) verkaufen – das ist ein Anspruch, dem Sie sich heute täglich stellen müssen. Ihr Kunde sollte möglichst gar nicht merken, dass er sich schon mitten in einem Verkaufsgespräch befindet. Damit ist kein Überrumpeln gemeint, sondern: Der Verkäufer stiehlt dem Kunden weder Zeit noch Geld, sondern führt ihn zielgenau zum Abschluss. Wie aber schafft es der Verkäufer, den Wettbewerb tatsächlich für sich zu entscheiden? Erkennt er überhaupt, dass er im Wettbewerb mit anderen Verkäufern steht? Oder sieht er – einer Nabelschau gleich – vielmehr nur seine Kunden, das Branchenumfeld und sich selbst? Den Wettbewerb für sich entscheidet in Zukunft wohl der Verkäufer, der

- aktiv am Kunden dranbleibt
- eine gute Manndeckung beherrscht
- Verbindlichkeit zeigt
- kreativ ist
- und immer eine Brücke in das nächste Gespräch baut.

Mitbewerber ohne Namen

Was ich im LiveCoaching auch immer wieder bemerke ist, dass Verkäufer ihre Mitbewerber namentlich nennen: „Ach, sie sind im Moment bei XXY" oder „Ja, ja ich weiß, da gibt es noch ZZZ oder XYZ". Davon rate ich tunlichst ab. Denn mit jeder namentlichen Benennung des Mitbewerbers, positionieren Sie diesen mindestens ebenso wie ihr eigenes Unternehmen.

Finale Diktion

Schalten Sie manchmal durch das Fernsehprogramm und bleiben, so wie ich, bei dem einen oder anderen Home-Shopping-Kanal hängen? Sie schmunzeln vielleicht darüber, aber ich versichere Ihnen: Sie können dabei sehr viel lernen! Denn eines steht fest: Verkaufen können die meisten dieser Plattformen. Beobachten Sie nur einmal, wie schnell die Ware den Besitzer wechselt und vielleicht auch, was dort so alles verkauft wird – an nützlichem, aber auch an Dingen, die wahrscheinlich kein Mensch wirklich benötigt. Diese Home-Shopping-Kanäle arbeiten sehr stark mit der finalen Diktion:

- „Treffen Sie nun Ihre Entscheidung!"
- „Zögern Sie nicht!"
- „Nutzen Sie jetzt die letzte Gelegenheit, genau dieses Produkt zu bestellen!"
- „Greifen Sie gleich zum Hörer!"

Denn wie Sie merken, wird hier sehr stark mit Verstärkerworten gearbeitet. Je mehr solcher Aussagen zu hören sind, umso höher die Anzahl der Bestellungen und damit natürlich auch der Umsatz für den Shop. Zögern Sie nicht! Wenden Sie diese Strategie doch heute einmal an! Vergessen Sie allerdings nicht, zielgruppengerecht zu denken und achten Sie immer auf die Dosierung – zu viele dieser Verstärkerworte verfehlen ihre Wirkung. Treffen Sie gleich Ihre Entscheidung, denn: ... NUR DU VERKAUFST!

5. Das Tun verstärken – die Zukunft beginnt heute

Sie sind jetzt gut im Rennen, handeln mutig und setzen sich leidenschaftlich für Ihren Erfolg ein. Sie wissen, wie Kunden heute ticken, welche Spiele sie spielen. Sie kennen die Spielregeln, die Sie inzwischen zu Ihrem Vorteil nutzen. Sie wissen, dass Verkaufen kein Glücksfall ist, das Glück zugleich aber dem Tüchtigen zufällt. Sie wissen, dass der Verkauf im Verkauf entschieden wird und was Sie tun müssen, um das Spiel für sich zu entscheiden. Als Verkäufer gehört Ihnen die Zukunft, denn diese wird im Verkauf entschieden. Take it!

5.1 Paradigmenwechsel im Verkauf

Fünf Paradigmen – und warum diese nicht dafür sorgen, Umsatz, geschweige denn **mehr** Umsatz zu machen:

1. Der Kunde ist König!

Stichwort Empathie: Nett sein und demütig zum Kunden aufschauen reicht nicht aus! Der Kunde war vielleicht einmal König, doch diese Zeit der Verkaufs-Monarchie – mit zum Teil absurden Auswüchsen – ist längst vorbei: Nicht jeder Schmerzpatient ist begeistert, wenn ihm der Zahnarzt während der Wurzelbehandlung als besonderen Service Theaterkarten anbietet, und auch die junge Mutter möchte ihre Einkäufe schnell und unkompliziert genießen, ohne ständig etwas „gratis" und mit vielen Worten angeboten zu bekommen. Viel wichtiger ist dem Kunden in allen Bereichen eine erkennbare Gesprächskultur und dass der Verkäufer ihm eine sinnvolle Empfehlung ausspricht. Wenn Sie Ihre Kunden wie Könige behandeln, wundern Sie sich bitte nicht, wenn Sie zum Diener mutieren. Erfolgreich in die Zukunft gehen Sie mit Ihrem Kunden, wenn Sie auf Augenhöhe bleiben, auf Augenhöhe verhandeln und den Abschluss in der Gewissheit machen, ihm auch morgen noch in die Augen schauen zu können.

2. Wer kommuniziert, verkauft!

Stichwort Rhetorik: Viele Verkäufer sind rhetorisch bestens geschult und reden sich den Mund fusselig – verkaufen aber tut oft ein anderer. Wieso? Kommunizieren ist ein wesentlicher Faktor im Verkaufsgespräch. Allerdings ist es besser, mehr den Kunden kommunizieren zu lassen. Das gelingt Ihnen mit einer zielgenauen und strategischen Gesprächsführung, bei der Sie den Kunden deutlich mehr reden lassen als Sie es selbst machen. Also Mund zu, Ohren auf und das neue Verkaufsgesetz der Zukunft lautet: Wer weniger kommuniziert, verkauft mehr!

3. Qualität schlägt Preis!

Stichwort „Made in Germany": Das waren noch Zeiten, als die gute alte Ware aus Deutschland unschlagbar war. Die Qualität stimmte und der Preis konnte entsprechend hoch angesetzt werden. Heute sieht das Ganze schon anders aus: Die Welt ist inzwischen so global, dass es innerhalb kürzester Zeit von jedem Produkt ein Vergleichsprodukt gibt. Da dieses oft in einer ähnlich hohen Qualität, aber zu einem weit geringeren Preis angeboten wird, kann inzwischen weder über den Preis noch über die Qualität verkauft werden. Qualität ist heute kein Kaufgrund mehr, sondern wird von den Kunden als Voraussetzung angesehen. Und in Zukunft wird nicht der den Markt bestimmen, der die Idee hatte, sondern der, der in der Lage ist, seine Idee erfolgreich zu vermarkten – also zu verkaufen. Oder der es schafft, sich als Marke in den Köpfen der Kunden zu platzieren und eine Community um das Produkt herum zu bilden, bei der es als etwas Besonderes gilt, dabei zu sein.

4. Die Nachfrage bestimmt das Angebot!

Stichwort Apple: Früher einmal war das wohl so: Die Nachfrage bestimmte das Angebot. Wurden also mehr rote Handtücher nachgefragt, konnte man diese als Verkäufer gut im Markt platzieren. Heute läuft das manchmal gerade anders herum: Bestes Beispiel dafür ist Apple. Das Unternehmen bringt Produkte auf den Markt, für die vorher keine Nachfrage da war oder an die vorher nicht einmal ein Mensch gedacht hat und verkauft enorme Stückzahlen. Die Frage also lautet: Wie können Sie als Verkäufer die Nachfrage wecken? Aber das ist doch nicht meine Aufgabe, werden Sie vielleicht in diesem Moment sagen. Ich bin doch nicht für die Nachfrage verantwortlich. Doch, sind Sie schon! Wenn Sie tatsächlich verkaufen und das Angebot bestimmen wollen, sorgen Sie für Nachfrage. Sie haben es in der Hand! Vergessen Sie nicht: … NUR DU VERKAUFST!

5. Es lebe das „Customerworking"!

Stichwort: Plattformen im Internet, Communitys, und andere: Hier tummeln sich überwiegend Menschen, die sehr mitteilungsbedürftig sind und/oder Aufträge suchen. Gleiches gilt für so genannte Networking-Partys: Viele Menschen treffen sich auf solchen Partys, aber eher, um Aufträge daraus zu generieren als um solche zu vergeben. Sie haben die Wahl: Entweder, Sie verbringen viel Zeit in einer Virtual Reality oder damit, auf Networking-Partys mit durchaus netten Menschen zu kommunizieren. Vielleicht haben Sie aber auch den Mut, das vermeintlich enorme Potenzial mit minimalem Aufwand zu bedienen und verkaufen endlich wieder zielgenau und von Angesicht zu Angesicht – bei Ihren Interessenten und in Ihrer Zielgruppe. Auch wenn Networking on the Web oder Social Media Marketing in aller Munde ist, aus Verkäufersicht sage ich: Es lebe das Face-to-Face -Customerworking"! Nicht das Face-to-Face-Networking auf Partys, die man besucht und einfach mal schaut, was passiert. Sondern das Face-to-Face-„Customerworking", das Sie zielgenau zu Ihren Kunden führt, weil Sie vorher überlegen, welche Zielgruppe Sie wann mit welchem Thema ansprechen. Sehen Sie Ihren (potenziellen) Kunden also lieber einmal öfter in die Augen. Denn genau das wird Sie in Zukunft von vielen anderen unterscheiden.

5.2 Barrieren überwinden – die häufigsten Hürden meistern

Zwar hat sich die Welt weitgehend technologisiert, verkauft wird aber in den meisten Fällen immer noch von Mensch zu Mensch. Ohne persönliche Kontakte läuft gar nichts. Weil Zeit aber Geld ist, ist diese bei vielen Kunden knapp bemessen. Damit stehen Verkäufer oft schon vor der ersten Herausforderung, überhaupt zu einem Termin mit ihrem Kunden zu kommen. Neben dem Zeitfaktor gibt es noch einige andere Hürden, die Verkäufer überwinden müssen, um zum Ziel, dem Abschluss, zu kommen.

Zielperson erreichen leicht gemacht

Die meisten Verkaufsabschlüsse, gerade im B-to-B-Geschäft bei hochwertigen Investitionen, laufen im Face-to-Face-Bereich. Manche Verkäufer scheitern jedoch schon an der ersten Hürde, der Sekretärin des Chefs. Hier lässt sich das Führungspersonal oft abschirmen, das heißt Verkäufer werden meist abgewimmelt. Früher hieß es dann immer, verbünde dich unbedingt mit der Sekretärin oder der Dame am Empfang/an der Zentrale. Aus meiner Sicht macht dies – zumindest verkaufstechnisch – überhaupt keinen Sinn. Es sei denn, Sie haben den berechtigten Anspruch, generell freundlich mit allen Ansprechpartner umzugehen. Ansonsten hat das früher geforderte Verbünden einen entscheidenden Nachteil: Die Sekretärin erlebt Sie vom ersten Augenblick an auf einer Ebene, auf der es ihr leichter fällt, Sie abzuwimmeln. Sie können auf dieser Ebene keine Entscheidung erwarten.

Ihre Kommunikations-Strategie muss eine andere sein – deshalb gilt am Telefon: Kein Dialog, keine langen ausführlichen Infos geben, stattdessen lieber kurze Sätze oder finale Ansagen treffen. Statt: „Ist es möglich, Herrn Höffner zu sprechen…" besser: „Wo erreiche ich Herrn Höffner, jetzt?" oder noch etwas finaler: "Herrn Höffner bitte!" Sie müssen kommunizieren wie ein Chef. Das kennt die Sekretärin und unbewusst schlussfolgert sie: „Da will ein Chef mit meinem Chef sprechen!" Und falls doch eine Nachfrage „Um was geht es denn?" kommt, antworten Sie keinesfalls in ganzen Sätzen, sondern wiederum kurz und mit einer absoluten Selbstverständlichkeit und einem Schlagwort aus der Branche, wie zum Beispiel „Biosphärenreservate!" Die Sekretärin hat das Gefühl, da weiß wieder mal nur ich nicht Bescheid und wird Sie gerne umgehend durchstellen.

Ich lasse mich nicht mehr abwimmeln!

Jeder Verkäufer kennt die Situation, dass er zum dritten Mal beim Kunden war, ohne etwas verkauft zu haben. Und dann schleichen sich so negative Gedanken ein, wie „Der Kunde lehnt mein Produkt ab oder gar mich persönlich ...", welche überhaupt nicht der Wahrheit entsprechen. Vielleicht hält der Kunde sich im Moment nur etwas zurück, weil er Lagerbestände abbauen will oder, oder, oder ... Halten Sie den Kontakt zu Ihrem Kunden in regelmäßigen Abständen aufrecht: Suchen Sie den Dialog mit ihm und kapitulieren Sie nicht, wenn er einmal gereizt reagiert, weil er im Stress ist. Wenn er Informationsmaterial angefordert hat, melden Sie sich spätestens drei Tage nach Aussendung bei ihm. Nur wer am Ball bleibt, bleibt im Gedächtnis des Kunden und macht die Geschäfte. Mangelnde Beharrlichkeit hat im Verkauf schon so manchen Auftrag gekostet.

... NUR DU VERKAUFST!

Nachhaken funktioniert nur dann, wenn Sie Ihre Aktivitäten nachvollziehbar machen. Je mehr Kunden Sie haben, desto wahrscheinlicher vergessen Sie einen Termin, wenn Sie nur mit ihrem Gedächtnis arbeiten. Eine einfache Datenbank gibt Ihnen die Möglichkeit, den Zeitpunkt der Kontakte sowie Maßnahmen und Vereinbarungen festzuhalten und zu analysieren. Und wer nicht auf einen PC angewiesen sein will, der sollte sich seine Termine in einem Taschenkalender vermerken. Der kann nicht abstürzen. Und vergessen Sie nicht: Dranbleiben zählt!

Warum Verkäufer oft mit den falschen Gesprächspartnern verhandeln ...

Es kommt immer wieder vor, dass Verkäufer präsentieren und verhandeln und dann erst ziemlich spät merken, dass Sie es eigentlich dem Falschen präsentiert, mit dem Falschen verhandelt haben. Dieses Verhalten ist leicht erklärbar: Verkäufer sind meistens einfach nur froh, dass sie überhaupt einen Termin bekommen und dass ihnen irgendjemand zuhört. Anstatt also vorher nachzufragen „Wer in Ihrem Unternehmen ist der verantwortliche Ansprechpartner, wenn es um ... geht?" fangen Sie direkt mit dem Verkaufsgespräch an. Allerdings nützt dies wenig, wenn dann irgendwann die Aussage Ihres Gesprächspartners lautet: „Ich werde Ihr/e Angebot/Information gerne an Herrn Schuster weitergeben, der dann die Entscheidung treffen wird." Können Sie sich vorstellen, wie viel von dem, was Sie präsentiert haben, noch bei diesem Herrn Schuster ankommt? Und was, wenn dieser noch spezielle Fragen hat? Sie haben keinen direkten Einfluss mehr auf das, was dann passiert. Die Möglichkeit, final abzuschließen, ist Ihnen genommen. Und genau das ist es doch, was Sie als Verkäufer ausmacht: ... NUR DU VERKAUFST!

... oder wie Sie tatsächlich zum Entscheider durchdringen!

Eines ist sicher: Beim Einkauf entscheidet immer der Entscheider! Es ist also Ihre Aufgabe als Verkäufer herauszufinden, wer dieser Entscheider ist. Aber Vorsicht: Es soll schon vorgekommen sein, dass Autoverkäufer fleißig auf den Mann eingeredet haben, und sich am Ende herausstellte, dass die Frau das Sagen hat. Im B-to-B allerdings dürfen Sie sich nicht hinters Licht führen lassen. Sprechen Sie offen an, dass Ihnen daran liegt, die Informationen direkt dem Entscheider zukommen zu lassen. Nichts spricht gegen eine größere Runde, allerdings sollte in jedem Fall der Entscheider dabei sein. Nur so lässt sich ein Informationsverlust durch „stille Post" vermeiden, Fragen können direkt beantwortet und der (Ver-)Kauf mit dem für alle Seiten geringsten Zeitaufwand abgeschlossen werden. Haben Sie keine

Angst, darauf zu bestehen. Wenn Sie es Ihrem Gesprächspartner begründen, wird er verstehen, dass Sie dies vor allem für ihn tun. Scheuen Sie sich nicht, schon hier klar und deutlich zu kommunizieren – dies zeigt, dass Sie auch im weiteren Geschäftsverlauf dazu bereit sind.

Alle Gesprächspartner an einen Tisch bringen

Manchmal haben Sie nur einen Gesprächspartner, der Einkäufer entscheidet und mit ihm führen Sie die Verhandlungen. Manchmal allerdings betreffen Ihre Ausführungen vielleicht mehrere Personen: Den Einkäufer ebenso wie den Produktionsleiter, einen Mitarbeiter aus der Entwicklungsabteilung und, weil es sich um ein kleineres Unternehmen handelt, will auch der Chef wissen, was passiert. Holen Sie alle Gesprächspartner an einen Tisch. Bitten Sie einen Verantwortlichen des Unternehmens, dies intern zu arrangieren. Und auch hier gilt: Finden Sie heraus, wer letztendlich die Entscheidung treffen wird. Das ist Ihr Hauptansprechpartner! Binden Sie aber auch die anderen Teilnehmer der Runde mit ein. Jetzt sind Sie Verkäufer und Moderator zugleich. Sie müssen sicherstellen, dass sich keiner übergangen fühlt und jeder seine Fragen und Einwände vorbringen kann. Tauchen diese hinterher auf, kann es sein, dass einer der Beteiligten das Geschäft sprengt! Fassen Sie die Wünsche jedes Gesprächsteilnehmers zusammen und holen Sie sich einzeln das o.k. ein, dann steht dem Abschluss und der Entscheidung des Entscheiders nichts mehr im Wege. Ganz im Gegenteil: Sie nehmen diesem die Aufgabe ab, hinterher irgendjemand überzeugen zu müssen. Sie sind der Verkäufer!

Von einem in das nächste Gespräch – mit Brücken zum Erfolg

Über zwei Drittel aller Verkäufer beendet ein Verkaufsgespräch ohne eine verbindliche Vereinbarung über den nächsten Kontakt zum Kunden. Woran liegt das? Viele Verkäufer können die Mauer der Zurückhaltung nicht überwinden, von der sie sich eingeschlossen fühlen. Sie trauen sich nicht, eine feste Zielvereinbarung mit ihrem Geschäftspartner zu treffen, aus Angst, zu forsch aufzutreten. Dabei ist es enorm wichtig, eine Brücke ins nächste Gespräch zu bauen. Sie ebnet den Weg zu einer dauerhaften Geschäftspartnerschaft.

Im Verkauf gibt es bekanntermaßen mehrere Phasen, die jedes Gespräch durchläuft: Von der Einleitung über den Hauptteil bis zum Schluss sollte der Verkäufer einen Spannungsbogen verfolgen. Ein wichtiger Schritt, der in diesem Zusammenhang jedoch immer wieder vergessen wird, ist zum krönenden Abschluss sozusagen eine verbindliche Brücke ins nächste Gespräch zu bauen. Dies sollte unabhängig davon geschehen, ob nun ein Verkauf getätigt wurde oder nicht. Hierzu ein paar einfache, aber wirkungsvolle Tipps: Verkäufer müssen sich im ersten Schritt der Mauern um sich herum bewusst werden, um aktiv Brücken bauen zu können. Wenn ein Kunde im Moment keine Entscheidung treffen kann oder will, sollten sich Verkäufer nicht verabschieden mit den unverbindlichen Worten „Ich melde mich wieder“. Stattdessen fragen erfolgreiche Verkäufer gezielt nach: „Bis wann treffen Sie die/eine Entscheidung?“ oder „Wann telefonieren wir wieder?“ Damit lässt er dem Kunden den zeitlichen Freiraum, den er benötigt, gleichzeitig wird aber auch für beide Seiten ein verbindlicher Termin vereinbart.

Feste Termine für den nächsten Kontakt vereinbaren

Gespräche müssen mit einer festen Vereinbarung enden, wenn der Kundenkontakt intensiver und bindender werden soll. Der Verkäufer selbst sollte aber keinen Termin vorgeben. Nachzuhaken, wann der Kunde denn Zeit hat, ist die bessere Alternative. Wenn der Termin vom Interessenten kommt, ist die Chance größer, dass sich der Kunde dafür bewusst Zeit einplant. Zudem wird der Gesprächsanfang für den Verkäufer beim zweiten Brückenpfeiler leichter, unabhängig davon, ob er telefonisch oder persönlich zustande kommt. Er kann sich auf die Terminvorgabe berufen, zum Beispiel: „Sie hatten ja gesagt, ich sollte mich heute noch mal bei Ihnen melden" oder: „Wir hatten ja vereinbart ...".

In der Praxis hat sich ein einfaches Nachverfolgungsblatt bewährt. In diesem muss der Verkäufer, wie bei einer Checkliste, den Punkt „Termin vereinbart" ankreuzen und mit einem Datum versehen. Von einer solchen Vorgehensweise profitieren alle Beteiligten: Der Verkäufer, weil er daran erinnert und in die Pflicht genommen wird. Das Unternehmen, weil es klar erkennt, welche Verkäufer in diesem Bereich Probleme haben, so dass eine gezielte Trainingsmaßnahme ergriffen werden kann. Und auch der Kunde, der weiß, dass er mit einem verlässlichen Partner zusammenarbeitet, dem Verbindlichkeit und Zuverlässigkeit wichtig sind. So bildet eine schriftliche Festlegung der nächsten Terminvereinbarung eine tragfähige Brücke, die auf zwei Pfeilern steht. Verkäufer sollten sich nicht scheuen, diese Verbindlichkeiten bei sich selbst (und auch anderen) einzufordern. Zu starke Zurückhaltung lässt die Mauer um sich nur weiter wachsen. Reißen Sie sie ein! Die stärksten Brücken werden aus den Steinen gefallener Mauern gebaut.

5.3 Persönliche Potenziale erkennen, entwickeln und leben

Kein Sportler ohne Trainer, kein Top-Manager, der nicht schon einmal einen Coach in Anspruch genommen hat. Was für die einen zum Erfolg oder gar Karrierekick führt, kann für andere nicht schädlich sein. Doch im Vertrieb wird immer noch allzu oft auf klassische Verkaufsseminare gesetzt. Dort wird einem Vertriebsleiter abverlangt, dass er seine Mannschaft coacht, obwohl er, wenn er auch hoch motiviert an die Sache herangeht, fachlich meist nicht in der Lage dazu ist, weil ihm die Methodenkompetenz fehlt. Coaching ermöglicht es dem einzelnen Mitarbeiter im Vertrieb, schnell durchzustarten – gerade in wirtschaftlich anspruchsvollen Zeiten.

Charles de Gaulle sagte einmal: „Man muss sich einfache Ziele setzen, dann kann man sich komplizierte Umwege erlauben." Eine generöse Einstellung steckt hinter dieser Aussage des Generals. Warum sollten wir aber komplizierte und verschachtelte Umwege gehen, wenn wir auf geradem Weg am schnellsten und einfachsten zum Ziel kommen können? Das alte Sprichwort, dass der gerade Weg der beste ist, setzen immer mehr Vertriebsmitarbeiter in die Tat um: Sie wünschen sich einen persönlichen Coach, der direkt an ihrer Seite steht und gemeinsam mit ihnen Erfolgsrezepte entwickelt und trainiert.

Der direkte Weg ist der beste

Stellen Sie sich vor, Sie haben eine Schnittwunde am Finger, rufen beim Arzt an und der Mediziner teilt Ihnen per Ferndiagnose mit: Verdacht auf Blutvergiftung. Wie sicher und seriös schätzen Sie die Diagnose ein? Um sicher zu gehen, müssten Sie sich direkt untersuchen lassen. Auf Verkäufer und ihre Arbeitsweise bezogen heißt das: Erst ein Coach an der Seite, der im täglichen Berufsleben genau beobachtet, ermöglicht eine umfassende Diagnose und kann auch gleich mit der „Behandlung" beginnen. Der Coach kann durch seine direkte Anwesenheit individuelle Schwächen im Auftreten oder in der Kommunikation erkennen und maßgeschneidert darauf eingehen.

So profitieren Verkäufer von Weiterbildungsmaßnahmen

Durch Verkaufskompetenz und den nötigen Biss beim Abschluss, also eine Mischung aus Fleiß und Ausdauer, erfährt der Verkäufer Anerkennung. Das Selbstbewusstsein wächst, die logische Folge sind Optimismus und Zufriedenheit. Beides sind Grundvoraussetzungen, um selbst Begeisterung zu spüren, zu leben und zu vermitteln. Doch damit tun sich oftmals auch engagierte und ehrgeizige Verkäufer schwer. Trotz Trainings- und Schulungsmaßnahmen gelingt es diesen nicht, das eigene Verhalten zu ergründen, eingefahrene Muster zu durchbrechen und den Ursachen des mangelnden Verkaufserfolgs auf die Spur zu kommen.

Seminare und Vorträge haben durchaus ihre Berechtigung, doch darf man wohl nicht zu viel erwarten. Die Situation im Seminar ist eine andere als beim tatsächlichen Kundengespräch und so kommt es, dass alles, was sich im Seminar ganz toll und einfach angehört hat, dann eben doch nicht so einfach funktioniert. Eine Lösung bietet hier das individuelle LiveCoaching: Direkt am Arbeitsplatz, sowohl bei der Telefonakquise und Terminierung, als auch im direkten Kundengespräch wird der Verkäufer von einem Coach begleitet. Dieser beobachtet genau und kann im folgenden Analysegespräch mit dem Verkäufer gleich die auffälligen Punkte ansprechen. Für viele Verkäufer ist diese Situation zunächst ungewohnt und manchmal sogar unangenehm. Doch erfahrungsgemäß vergessen die Verkäufer die Anwesenheit des Coachs nach kurzer Zeit schnell und konzentrieren sich wieder voll und ganz auf das Gespräch mit dem Kunden. Auch diesem muss natürlich nicht zwangsläufig bekannt gegeben werden, dass ein Coach beim Gespräch dabei ist. Vorgestellt werden kann der Coach zum Beispiel als Kollege aus einem anderen Verkaufsgebiet oder Innendienstler. Manche Verkäufer haben aber auch kein Problem damit, mit offenen Karten zu spielen und vermitteln ihren Kunden, dass sie ihnen gegenüber mit dieser Maßnahme Leistung und Service verbessern wollen.

So unterschiedlich die Branchen und vielfältig die Persönlichkeiten der Verkäufer auch sind, so kristallisieren sich im LiveCoaching immer wieder ähnliche Verhaltensweisen heraus, die Verkäufern die Möglichkeit der Verbesserung bieten.

Potenziale erkennen und entwickeln

Wie im Sport unterscheidet auch beim LiveCoaching die Trainingsintensität über Erfolg und Misserfolg, darüber, ob der Verkäufer besser wird und sich auf dem Weg zu einer Medaille befindet. Setzt der Verkäufer sofort um, was das Analysegespräch ergibt, kann durch einen permanenten Optimierungsprozess bereits an einem Tag ein neues Verhalten intensiv trainiert werden.

Allerdings müssen die Verkäufer anschließend auch selbst am Ball bleiben. Wie im Sport, ist nur der in der Lage, eine außergewöhnliche Leistung zu bringen, der kontinuierlich trainiert und bereit ist, auch einmal über die eigenen Grenzen hinaus zu gehen. Ein positives Selbstbild und die Fähigkeit, dem Kunden gegenüber die eigene Begeisterung spüren zu lassen und im passenden Moment Ausdauer und Biss an den Tag zu legen – das zeichnet einen Verkäufer aus, der in Zukunft mit Stolz, Spaß und Erfolg seinen Beruf ausübt.

Am Telefon einen entscheidenden Erfolgsschritt weiterkommen

Manchmal ist die Situation für einen Verkäufer regelrecht verfahren und keine Lösung in Sicht. Nicht immer gibt es dann einen erfahrenen Verkaufsleiter oder jemanden aus dem Team, der einem weiterhelfen kann. Und als Einzelkämpfer steht man wirklich allein auf weiter Flur. Wie schön wäre es da für Verkäufer, einen kompetenten Gesprächspartner zu haben, der die richtigen Fragen stellt und einen wieder auf Kurs bringt.

Manchmal ist es einfach so, dass man auf der Stelle tritt. Kurz vor dem Verkaufsabschluss zögert der Kunde und man befindet sich wieder einmal in der Situation, mit der man nicht umzugehen weiß. Eigentlich hat man ja ein Verkaufskonzept oder eine Verkaufsstrategie, aber irgendwie greift diese in letzter Zeit nicht mehr so gut und wo man bislang erfolgreich abgeschlossen hat, folgt eine Absage der nächsten.

Vielfältige Herausforderungen

Der Weg in die Verkaufstätigkeit ist ebenso vielfältig wie die Herausforderungen, die in diesem Beruf tagtäglich zu meistern sind: Man sollte sich selbst begeistern können, Kunden überzeugen und – last but not least – das Produkt oder die Leistung an den Mann beziehungsweise die Frau bringen. Kein Wunder, wenn da auch die stärksten Verkäufer irgendwann einmal an einem Punkt anlangen, an dem sie Unterstützung brauchen. Punktuell und auf schnellstem Wege bietet das zum Beispiel eine Verkäufersprechstunde. Dieses Telefon-Coaching bringt den Verkäufer in einer Stunde den entscheidenden Schritt weiter: ob ein sich dramatisch zuspitzender Konflikt mit einem Kunden oder eine grundsätzliche strategische Ausrichtung im Verkaufsprozess. Ob es die Frage ist, wie man am Telefon am besten an einer hartnäckigen Sekretärin vorbei kommt oder wann man nach dem Erstgespräch überhaupt wieder zum Telefon greifen soll, um nachzufassen. Gerade letztere Kleinigkeiten sind es, die einen Verkäufer im Prozess häufig bremsen und die ein externer Gesprächspartner, der mit den Problemen im Leben eines Verkäufers grundsätzlich vertraut ist, aber den nötigen Abstand besitzt, schneller lösen kann.

5.4 Bestzeit erreichen – den Verkaufsbrenner zünden

Vertriebsmitarbeiter kennen die Situation: Sie sind im intensiven Gespräch mit ihrem Kunden, man plaudert über dies und jenes, die Atmosphäre ist angenehm. Und als man nun eigentlich gerade das Verkaufsgespräch beginnen will, kommt eine Mitarbeiterin herein und beansprucht dringend den Chef oder das Telefon klingelt und der Gesprächspartner wird sofort an einer anderen Stelle im Unternehmen benötigt. In dieser Situation ist die Gefahr groß, ohne Abschluss abgewimmelt zu werden.

Von Anfang an Gas geben

Die strategische Schule des Verkaufens forderte an dieser Stelle immer, unbedingt für eine gute Atmosphäre zu sorgen, bevor man das tatsächliche Verkaufsgespräch beginnt. Doch der heutige Kunde ist mündig und er weiß ganz genau, dass längst alle Verkäufer nach dem alten Schema F vorgehen. Wie also wollen Sie sich von all den anderen Verkäufern unterscheiden? Sie können die Einstimmung und das belanglose Geplauder über das Wetter, die Familie oder den letzten Urlaub also ruhig ad acta legen (zumindest wenn es Ihnen darum geht, etwas zu verkaufen).

... NUR DU VERKAUFST!

Nach ein bis zwei einleitenden Sätzen sollten Sie zeitnah und zügig zum Thema kommen – die meisten Ihrer (neuen) Kunden werden Ihnen dankbar dafür sein. Guten Verkäufern gelingt es sowieso, über das Thema eine gute Atmosphäre zu schaffen. Ansonsten schätzen Kunden effizientes Arbeiten ebenso wie Verkäufer, die in der Lage sind, auch innerhalb einer bestimmten Zeit alles Wesentliche zu präsentieren.

Zeit ist nicht nur Geld, sondern bestimmt, wer den Auftrag bekommt

Zeit spielt überhaupt eine nicht zu unterschätzende Rolle im Business. Das fängt schon damit an, die beste Zeit für einen Anruf zu treffen und geht bis zur Dauer des Termins vor Ort. Denn Kunden haben nur die Zeit, die sie sich (genau zu diesem Zeitpunkt für diesen Verkäufer) nehmen. Früher hieß es oft, Montag und Freitag sind schlechte Tage, um zu telefonieren, Termine abzustimmen oder Verkaufsgespräche zu führen. Allenfalls wäre das noch am Freitagvormittag möglich. Mit solchen alten Denkmustern sollte man im eigenen Kopf gründlich aufräumen. Durchaus kann zum Beispiel der Freitagnachmittag ein idealer Telefonzeitpunkt sein, weil dann die verantwortlichen Ansprechpartner das Wochenpensum erledigt haben und entsprechend relaxed über ein Angebot sprechen bzw. am Telefon etwas lockerer plaudern können.

Kontinuierliche Leistung bringen

Gerade bei Neukunden verunsichert ein „Nein" stärker als bei Geschäftspartnern, zu denen der Verkäufer schon jahrelang Kontakt hat. Lassen Sie sich von einem solchen kategorischen „Nein" nicht abschrecken – das Sprichwort: „Morgen sieht die Welt schon wieder anders aus" trifft auch in der Geschäftswelt zu. Heute hat der Kunde keine Zeit oder einen zu großen Lagerbestand, morgen braucht er Nachschub. Verkäufer brauchen heute eine notwendige Zähigkeit, um am Ball zu bleiben. Dafür sind Verkäufer da, genau das müssen sie leisten. Natürlich gehört hier auch eine realistische Einschätzung dazu, wann oder wie lange es tatsächlich Sinn hat, an einem Kunden dran zu bleiben. Man sollte fühlen, spüren und wissen, wann man aussteigen muss. Allerdings steigen die meisten Verkäufer erfahrungsgemäß viel zu früh aus oder gar nicht erst richtig ein.

Zum Endspurt ansetzen

Wie ein Sportler muss auch ein Verkäufer seine Kräfte richtig einteilen. Um nicht schon vor dem Ziel auszubrennen, sollten Sie entscheiden, wann Sie „einen Zahn zulegen" müssen, um den Wettbewerb auf Abstand zu halten, aber auch nicht zu viel Kraft einzusetzen, damit Sie vor dem Ziel noch die Energie für einen Endspurt haben. Im Langstreckenlauf ist das oftmals gut zu beobachten: Da führen ein oder zwei Läufer das Feld lange an, mal ist der eine, mal der andere vorne – und dann kurz vor dem Ziel, überholt plötzlich der ewig an dritter oder vierter Stelle gelegene die Läufer vor ihm und siegt mit einigen Längen Vorsprung. Genau zu wissen, wann man zum Endspurt ansetzen muss – auch das zeichnet einen erfolgreichen Profiverkäufer aus. Legen Sie also gegen Ende des Verkaufsgesprächs und wenn Sie beim Kunden Kaufsignale erkennen, einen Zahn zu. Zeigen Sie Ihrem Kunden, dass sie auf der Zielgeraden angekommen sind und gemeinsam gewinnen können.

Zusatzverkäufe – so nutzen Sie das Sauce-Hollandaise-Prinzip

Wann haben Sie das letzte mal vom Sauce-Hollandaise-Prinzip gehört? Überlegen Sie doch einmal, wo im Supermarkt die Sauce Hollandaise steht. Richtig! Nicht etwa bei den Soßen – ja, da vielleicht auch noch – sondern in der Gemüseabteilung direkt beim Spargel. Und wenn der Händler schlau ist, platziert er auch noch den extra guten Weißwein gleich daneben. Neben den Nudeln steht die Bolognese-Soße und neben dem Grillgut die Barbecue-Soße Zusatzverkäufe sind gewinnbringend, weil Kunden in diesem Moment geradezu dazu verführt werden, gleich alles zusammen zu kaufen. Steht beim Spargel die Sauce Hollandaise vielleicht noch auf dem Einkaufszettel, ist dies in anderen Bereichen nicht der Fall. Einen positiven Nebeneffekt hat es in jedem Fall: Der Kunde freut sich, dass der Händler es ihm so einfach macht und dass er ohne langes Suchen alles, was er für den Genuss zuhause benötigt, an einem Platz vorfindet. Im B-to-B muss man da schon genauer überlegen, welche Zusatzverkäufe möglich sind bzw. welche Pakete man für den Kunden schnüren kann, damit dieser begeistert ist. Doch ob es nun die Serviceleistung 24-Stunden-Kundendienst bei der Maschine oder die Farbpatronen beim Drucker sind, lassen Sie sich den Zusatzverkauf nicht entgehen.

... NUR DU VERKAUFST!

Nehmen Sie sich jetzt ein paar Minuten Zeit, oder noch besser, setzen Sie sich mit ein paar Kollegen zusammen und überlegen Sie, welche Produkte aus Ihrem Sortiment zusammen passen und wo es Sinn hat, diese miteinander zu verknüpfen oder zu kombinieren. Das muss nicht nur im Gespräch vor Ort sein, das kann auch bei Ihren schriftlichen Angeboten vermerkt werden. Ebenso überprüfen Sie Ihren Web-Shop im Internet – stellen Sie Ihr „Sauce-Hollandaise-Paket“ zusammen.

Viele Verkäufer zögern, weil sie Angst davor haben, vielleicht gerade dann, wenn das Geschäft unter Dach und Fach ist, noch einmal anzufangen. Sie sind so froh, den Verkauf getätigt zu haben, dass sie es nicht übers Herz bringen, den Kunden auch noch auf zusätzliche Möglichkeiten anzusprechen. Es kommt ihnen so vor, wie wenn sie ihn damit überstrapazieren. Vielleicht haben sie auch im Kopf, dass der Kunde eine Scheibchentechnik vermutet und ärgerlich darauf reagiert. Es ist, wie immer im Verkauf, aber alles nur eine Frage der Technik: Sprechen Sie die zusätzlichen Möglichkeiten doch einfach schon vorher an. Zeigen Sie Ihrem Kunden nach der Präsentation und wenn seine Fragen beantwortet sind, auf, was Sie noch zu bieten haben. Manche Verkäufer präsentieren die Angebote beziehungsweise Pakete auch unmittelbar am Anfang des Verkaufsgespräches „Gerne zeige ich Ihnen jetzt gleich auf, welche zusätzlichen Leistungen wir im Angebot haben. Dann können Sie diese in Ihre Gesamtkalkulation mit einbeziehen." So werden erfolgreiche Geschäfte gemacht. ... NUR DU VERKAUFST!

5.5 In der 1. Liga spielen

Wer möchte das nicht, in der ersten Liga spielen? Betrachten wir einmal die deutschen Fußballmannschaften, gibt es doch kein höheres Ziel als die 1. Bundesliga. Im Basketball ist es die National Basketball Association (NBA) und im Football die National Football League (NFL), die schließlich vom Super Bowl gekrönt wird. Dort spielen die Besten und jeder kämpft, um den Klassenerhalt zu schaffen. Steigen Mannschaften ab, ist der Jammer groß. Für die Aufsteiger gibt es keine größere Freude. Auch Verkäufer können in der 1. Liga spielen, wenn sie es schaffen. Dann fallen ausreichend Tore, werden Home Runs gelaufen. Die Frage ist nur, ob Sie als Verkäufer auch bereit sind, alles zu geben und sich in einem Team zu arrangieren, damit dieses gewinnt.

Eines muss man dabei natürlich wissen: Je höher man aufsteigt, umso dünner ist die Luft! Der Neidfaktor wird größer und nicht immer wird man sich mit jedem Menschen gut verstehen. Dafür macht es enorm viel Spaß, erfolgreich zu sein. Hat man seinen Teil geleistet und erkennt auch die Leistung anderer an – sowohl der eigenen Mitspieler als auch die der Gegner, wenn diese wohlverdient einmal siegen – spricht absolut nichts dagegen, sich auf der Erfolgsspirale weiter nach oben tragen zu lassen.

Vom Einzelkämpfer zum Teamplayer

Beim Außen- und Innendienst von Hund und Katz zu sprechen, würde die Situation wohl etwas übertreiben. Allerdings ist das mit der Kommunikation bei beiden nicht ganz so einfach. Wackelt der Hund mit dem Schwanz, wird das von der Katze als Drohgebärde interpretiert. Schnurrt die Katze voller Wohlbehagen, hört der Hund vielleicht ein Knurren und macht sich zum Angriff bereit. Beim Außen- und Innendienst sind die Kommunikationsmodelle nicht ganz so verschieden, schließlich handelt es sich dabei ja um die gleiche Spezies Mensch.

Allerdings mangelt es auch hier manchmal an der Kommunikation. Oftmals nicht in böser Absicht, aber weil die einen von den anderen einfach zu wenig wissen. Es ist immer noch gang und gäbe, dass Verkäufer im Außendienst nicht einen Tag in ihrem Berufsleben am Schreibtisch eines Innendienstlers verbracht haben. Und umgekehrt: Wie viele Innendienstler wissen überhaupt nicht, wie so ein Tag bei einem Außendienstler aussieht. Mutmaßungen machen das Ganze natürlich nicht leichter. Verkäufer im Außendienst denken: „Die im Innendienst haben es schön – Dienst nach Vorschrift und um 17.00 Uhr können sie den Stift aus der Hand fallen lassen." Der Innendienstler dagegen, vermutet, dass der Verkäufer im Außendienst im Sommer mal eben ab Mittag eine Stunde schwimmen geht oder nachmittags, wenn das Auto zufällig zuhause vor der Tür steht, gemütlich beim Kaffeetrinken sitzt. Alleine diese unterschwellige Botschaft:

„Der andere hat es doch viel besser als ich", ist nicht hilfreich, um gemeinsam in der 1. Liga zu spielen – zumindest nicht, wenn man dauerhaft gewinnen, sprich den Klassenerhalt schaffen will.

... NUR DU VERKAUFST!

Machen Sie einmal im Jahr einen „Wechsel-die-Perspektive-Tag". Das heißt, jeweils ein Innendienst-Mitarbeiter ist mit einem Außendienst-Mitarbeiter unterwegs. Und umgekehrt sollte der Außendienst auch einen Tag im Innendienst verbringen.

Erfolgreich im Verkaufsteam – gemeinsam aktiv werden

Kennen Sie das auch? Da sagt ein Kunde: „Bei euch weiß mal wieder die eine Hand nicht, was die andere macht." Oft ist dies besonders bei Beschwerden oder Reklamationen der Fall. Aber auch das liegt meistens an der mangelnden Kommunikation. Der Verkäufer verspricht, von Angesicht zu Angesicht, dem Kunden vielleicht vorschnell etwas, das der Innendienst dann nicht halten kann. Woraufhin der, sauer auf den Außendienst, das vielleicht den Kunden spüren lässt. Interne Machtkämpfe, wer denn wohl mehr zu sagen und zu bestimmen habe, noch dazu auf dem Rücken des Kunden ausgetragen, sind nicht besonders förderlich für den gemeinschaftlichen Erfolg eines Verkaufsteams!

... NUR DU VERKAUFST!

Schaffen Sie eine gemeinsame Basis. Stellen Sie sich den Vorurteilen des anderen. Diskutieren Sie offen und fair. Und dann stellen Sie gemeinsame Regeln auf: Wer trifft welche Aussage? Was muss vorher abgestimmt werden? Kommunizieren Sie lieber einmal mehr als einmal zu wenig. Es liegt alleine an Ihnen, die Chance eines erfolgreichen Miteinanders zu erkennen, einen gemeinsamen Weg festzulegen und diesen dann auch konsequent zu gehen.

Warum Starverkäufer niemals aufgeben

Natürlich müssen Sie als Verkäufer wissen, wann nichts mehr geht. Und einem Kunden, der nicht überzeugt ist, unzählige Angebote zu schreiben, bringt noch lange keinen Auftrag – ist allenfalls Beschäftigungstherapie. Allerdings sollten Sie manchmal auch nicht allzu schnell das Handtuch werfen. Kunden wollen, dass man um sie kämpft. Sie wollen spüren, dass dem Verkäufer etwas an ihnen und dem Auftrag liegt. Gerade wenn es um höhere Summen, um große Aufträge geht, geben Starverkäufer nicht so leicht auf.

Diese Konsequenz zahlt sich auch bei der Kundenrückgewinnung aus. Dazu sollten Verkäufer immer wieder einmal Kunden herausfiltern, zu denen – je nach Branche – ein bis zwei Jahre kein Kontakt mehr bestand. Dieser Punkt muss sehr konsequent in den Tagesablauf eingeplant und auch umgesetzt werden. Jeden Tag einen Altkontakt oder wöchentlich zwei bis drei Kontakte zu reaktivieren, ist als grobe Richtlinie angemessen. Hier sollte der Vertriebsleiter oder Unternehmer klare Vereinbarungen mit dem Verkäufer treffen. Die Erfolgsaussicht ist um ein Vielfaches höher, als viele Verkäufer es für möglich halten. Manchmal zwingen wirtschaftliche Gegebenheiten oder personelle Veränderungen Kunden zur Kaufzurückhaltung. Das kann nach einem Jahr schon wieder ganz anders aussehen. Geben Sie als Verkaufsleiter konkrete Anweisungen oder vereinbaren Sie als Verkäufer mit sich selbst ein starkes Commitment. Gehen Sie direkt auf Ihren Kunden zu und sprechen Sie ihn mit offenen strategischen Fragen an:

- Was hat sie dazu veranlasst, längere Zeit auf unseren Service zu verzichten?
- Wie kam es dazu, dass sie unsere Produkte/Dienstleistungen zurzeit nicht mehr einsetzen?
- Welche Punkte sind ihnen bei einer zukünftigen Zusammenarbeit besonders wichtig?

- Ab wann möchten sie von einer weiteren Zusammenarbeit profitieren?
- Wie ist ihr aktueller Bedarf?
- Wann möchten sie die Möglichkeit einer Testbestellung nutzen?

Warum Verkäufer eine Sache oft dreimal verkaufen müssen?

Vielleicht denken Sie: Der Kunde hat unterschrieben, der Verkauf ist geschafft. Doch Verkäufer müssen eine Sache oft dreimal verkaufen. Natürlich in erster Linie dem Kunden, das ist klar. Oft allerdings auch noch dem Chef. Und wenn der Verkäufer vielleicht dem Kunden ein Zugeständnis gegeben hat, das vorher mit dem Chef nicht abgesprochen war, ist das manchmal gar nicht so leicht. Vielleicht sagt dieser „So können wir das aber wirklich nicht machen!". Oder aber er schafft es tatsächlich, seinem Chef zu verkaufen, dass genau diese Strategie zu diesem Zeitpunkt die richtige war. Schließlich kann der Verkäufer dies ja am besten beurteilen – hat er doch alleine den unmittelbaren direkten Kontakt zum Kunden. Aber vielleicht geht es auch noch weiter. Der Chef nickt die Entscheidung ab, dann kommt die Konstruktion, die irgendeine Vorgabe des Kunden so nicht realisieren kann (oder will). Auch hier braucht der Verkäufer noch einmal all seine verkäuferischen Fähigkeiten, um auch diese Kunden im eigenen Unternehmen mit an Bord zu holen. Für Sie als Verkäufer heißt das wieder: Kraft einteilen! Sie benötigen diese nicht nur beim Kunden. Doch vergessen Sie nicht: Der Auftrag ist erst dann perfekt, wenn das Geld des Kunden im Haus und auf Echtheit geprüft ist – und bis dahin kann es manchmal ein sehr langer Weg sein.

Wiederverkäufer motivieren – drei Tipps für mehr Umsatz mit wenig Arbeit

Hersteller haben oft das Problem, dass sie bei Wiederverkäufern und Händlern als einer unter vielen eingesetzt werden oder gelistet sind. Der Elektriker hat zum Beispiel ein ganzes Schalterprogramm und im Baumarkt gibt es den Schutzanzug von drei Anbietern. Um aus dieser Situation als Sieger hervorzugehen beziehungsweise der Anbieter zu sein, der am häufigsten verwendet/verkauft wird, gibt es nur eine Lösung: Sie müssen Ihre Kunden und Wiederverkäufer motivieren, damit diese mehr (von Ihren Produkten) verkaufen.

Hersteller müssen Systeme entwickeln, um im ersten Schritt Kunden/ Wiederverkäufer an sich zu binden und im zweiten Schritt so ihre Produkte dauerhaft auf dem Markt zu lancieren. Ob Produktproben, Musterkoffer, Schulungen oder anderweitige Unterstützung im Weiterverkauf – eines sollte gewährleistet sein: Schnelligkeit und eine leichte Handhabung. Ist dies nicht gegeben, werden Handwerker oder Händler nicht bereit sein, noch so ausgeklügelte Ideen anzunehmen. Investieren Sie also besser im Vorfeld etwas mehr Zeit in Ihre Vermarktung, bevor Sie diese den Wiederverkäufern präsentieren. Überlegen Sie genau, was diesen den Verkauf erleichtern könnte, wie folgende drei erprobte Möglichkeiten:

1. Etwas zum Sehen und Anfassen

Viele Hersteller bieten ihren Wiederverkäufern zumindest eine gewisse Unterstützung durch zum Beispiel Musterkoffer oder fachliche Schulungen an. Beispielsweise gibt es für Raumausstatter Musterkoffer mit allen verfügbaren Vorhangstoffen und Stores. Diese sind nicht nur wie im Katalog abgebildet, sondern mit eingeklebten oder gebundenen Stoffproben versehen. So kann sich der Raumausstatter einen realistischen Eindruck vom Angebot verschaffen und seinen Kunden eine viel größere Auswahl bieten, die er sowohl aus finanziellen als auch aus Platzgründen nicht vor Ort halten kann. Der Musterkoffer mit echten Stoffproben bindet den Wiederverkäufer an den Hersteller, ist allerdings meist etwas, das andere Hersteller auch haben.

2. IT-basierte Unterstützung

Im IT-Zeitalter liegt es auf der Hand, dass Hersteller neben den klassischen Produktdarstellungen (Prospektmaterial, Musterkoffer u. a.) auch ihre Internetseiten nutzen. Warum also den Wiederverkäufer nicht einmal direkt im Verkaufsgespräch auf die Webseite führen und vorführen, wie die Produkte am schnellsten und einfachsten zu finden und zu ordern sind. Das webgestützte Verkaufsszenario sollte dabei mit dem Wiederverkäufer „durchgespielt" werden, damit er sich den Vorgang nicht alleine „erarbeiten" muss. Eine weitere Möglichkeit, das Internet zu nutzen, ist es, den Wiederverkäufer auf der Homepage Mailings (Briefe) zum Download zur Verfügung zu stellen, mit denen diese wiederum ihre Kunden ansprechen können. Die Mailings können inhaltlich über Sonderaktionen, neue Produkte oder Informationen rund um die Produktpalette informieren. So stellte zum Beispiel ein Autohersteller seinen Händlern Material über eine Sonderaktion „Verbandkasten" zur Verfügung. In der Aktion konnten die alten, abgelaufenen Rot-Kreuz-Kästen bei den Händlern entsorgt und ein neuer günstig erworben werden. Ein Teil des Umsatzes wurde für die Ausbildung von benachteiligten Jugendlichen gespendet.

Die Aktion diente zum einen der Imagepflege des Herstellers und seiner Händler. Zum anderen intensivierte die Aktion die Kontakte der Zwischenverkäufer zu ihren Endkunden. Begleitet wurde dies durch vorbereitete Musterbriefe, die nur noch minimal auf die individuellen Bedürfnisse umgeschrieben werden mussten und mit jedem Programm für Serienbriefe ganz einfach gestartet werden konnten. Voraussetzung für die Musterbriefe ist eine hochwertige Aufmachung. So sollten die Botschaften von Profitextern und Grafikern verfasst und gestaltet worden sein und die Inhalte einen hohen marketingtechnischen Nutzen bieten. Wichtig ist dabei auch ein Profi-Response-Element: Der Hersteller motiviert durch Elemente, die zur Rückmeldung auffordern (Response-Element), den Kunden dazu, auf die Angebote einzugehen. So kann er dazu aufrufen, Infomaterial anzufordern oder er integriert eine einfache Bestellmöglichkeit. Wichtig: Immer den Kunden des Händlers im Kopf behalten!

3. Schulungen als Prämie

Besonders ausgeklügelt ist ein Punktesystem, das sich nach dem Umsatz des Wiederverkäufers richtet. Ein Hersteller von Ausrüstung für den Arbeitsschutz bietet seinen Zwischenverkäufern folgendes Punktesystem an: Wenn sie Handschuhe, Anzüge, Sicherheitsschuhe und Helme im Wert von 1.000 Euro verkaufen, bekommen sie zwei Punkte gutgeschrieben. Hat ein Händler 40 Punkte gesammelt, bekommt er einen Exklusivvertrag über eine Verkaufsschulung. Der Wiederverkäufer kann seine Mitarbeiter auf den neuesten Stand bringen lassen. Der Hersteller kümmert sich um den Trainer, der die Wiederverkäufer weiterbilden soll und übernimmt die kompletten Kosten. Dass der Hersteller bei der Weiterbildung im fachlichen Bereich den Schwerpunkt auf sein eigenes Portfolio setzen wird, versteht sich von selbst. Produktschulungen vom Hersteller sind in diesem Fall selbstverständlich und kostenfrei. Bei den im Rahmen des Punkte-Systems angebotenen Trainings handelt es sich deshalb ausschließlich um kommunikative Verkaufsschulungen, die einen hohen praktischen Nutzwert haben und deshalb über das Prämiensystem umso beliebter sind. Dies garantiert ihm, bei den Wiederverkäufern seine Marktposition auszubauen und intensiviert letztendlich die Geschäftsbeziehung zum Wiederverkäufer.

All die genannten Servicepakete ersetzen natürlich nicht den bedeutsamsten Punkt im Selling: Den persönlichen Kontakt. Wer ihn vernachlässigt, bekommt die Folgen früher oder später unweigerlich zu spüren. Die Kunden wechseln mit dem Verkäufer, nicht mit dem Produkt. Hat der Kunde einen kompetenten und sympathischen Verkäufer gefunden und eine persönliche Bindung zu ihm aufgebaut, bleibt er über Jahre hinweg treu. Die Verkäufer des Wiederverkäufers sollten also auch regelmäßig kontaktiert werden, am besten verkaufsaktiv. Wenn Gespräche von Angesicht zu Angesicht in kurzen Abständen stattfinden, ist der Hersteller über die Wünsche des Wiederverkäufers immer auf dem Laufenden und kann dessen Nachfrage so am besten gerecht werden. Zudem erfasst er schneller veränderte Wünsche und sich wandelnde Märkte und kann seine Produktpalette darauf ausrichten. Beständige Besuche und Telefonate ermöglichen dem Hersteller daneben, dass er Wiederverkäufer beraten und bei Bedarf (neue) Verkaufsargumente liefern kann. Wenn ein regelmäßiger Kontakt vorgelebt wird, erkennt der Wiederverkäufer, dass genau das die Voraussetzung schlechthin ist, um ebenfalls erfolgreich verkaufen zu können.

Auf Fragen folgen Antworten – wie Sie Wiederverkäufer in die Pflicht nehmen!

Um erfolgreich mit Wiederverkäufern zu kommunizieren, ist in jedem Fall auch eine gute Verkaufstechnik des Herstellers vonnöten. Gerade bei der Kommunikation mit dem Wiederverkäufer sind Form und Wahl der richtigen Fragetechnik ein entscheidendes Gestaltungselement. Der Hersteller sollte durchaus auch direkt auf den Wiederverkäufer zugehen. Dies kann mit folgenden Fragen sein:

„Welche Möglichkeit haben wir, Sie bei Ihren Verkaufsaktivitäten (noch) zu unterstützen?"

Eine etwas heiklere Frage, die richtig und verbindlich gestellt werden muss:

„Wann haben Sie das letzte Mal bei Ihren Kunden nachgefragt?"

oder *„Wann haben Sie das letzte Mal mit Ihrem Kunden gesprochen?"*

oder *„Bis wann werden Sie wieder mit Ihrem Kunden sprechen?"*

Dies kann Ihren Wiederverkäufer dazu bringen und sollte Ihn auch dazu animieren, seine eigenen Verkaufsaktivitäten zu forcieren. Bleiben Sie also an Ihren Wiederverkäufern dran und ermutigen Sie diese, ebenfalls verkaufsaktiv zu arbeiten – was sich auch für Sie auszahlt.

Webpräsentation – das Internet als Umsatzmotor

In der „Vorzeit" des Verkaufens, als das Internet noch in den Kinderschuhen steckte, war alles noch ganz anders: Der Kunde rief meistens beim Unternehmen an, bat darum, dass ihm Informationsmaterial zugeschickt werde, und ein Prospekt verließ das Haus. Gleiches geschah, wenn ein Verkäufer bei einem neuen Kunden telefonisch vorsprach. Dann wartete man ab, bis ... ja, bis der Kunde von sich aus anrief und Fragen äußerte oder vielleicht eine Bestellung durchgab. Heute sieht das Ganze etwas anders aus...

Leicht(er) verkaufen übers Netz

Heute müssen Verkäufer viel mehr telefonieren, mehr kontakten und weitaus aktiver vorgehen, schließlich ist der Wettbewerb – regional wie auch international, ob real oder virtuell – groß. Nur wer von Anfang an richtig Gas gibt, hat am Schluss die Nase vorn. Wenn Unternehmen ihren Verkäufern jetzt entsprechende Hilfsmittel zur Verfügung stellen, laufen Verkaufsgespräche am Telefon von der ersten Minute an deutlich effektiver ab. Ein Verkäufer, mit entsprechenden Online-Präsentationsfähigkeiten in der Rückhand, kann das Gespräch mit einem (potenziellen) Interessenten zielgenau steuern – nachfolgende Frage hilft hier besonders:

„Welche Möglichkeit haben Sie, jetzt parallel zu unserem Gespräch, ins Internet zu schauen?"

Kaum ein Kunde wird hier „nein" sagen. Stattdessen erfolgt die erste Zustimmung: *„Ja, natürlich, das kann ich!"*

Wenn der Verkäufer sagt: *„Dann gehen Sie doch bitte jetzt auf die Seite: www.innovatives-personaltraining.de"* hat er außerdem die volle Aufmerksamkeit seines Gesprächspartners.

Verkaufsgespräche gezielt steuern

Wusste man früher bei einem Telefonat, in dem beide in einem Prospekt blätterten, nie auf welcher Seite der andere sich gerade befindet, lassen sich Webpräsentationen an dieser Stelle sehr gezielt durchführen. Der Kunde erhält durch das Logo vom Unternehmen selbst einen ersten bildhaften Eindruck (der erfahrungsgemäß länger haften bleibt). Zeigen Sie Ihrem Gesprächspartner, wer Sie sind – ein Bild des Verkäufers macht das Gespräch gleich viel persönlicher. Ob dieser den Kunden gezielt zu einer Webpräsentation führt oder gleich zu speziellen Angeboten, bleibt dem Verkäufer oder den jeweiligen Vorgaben auf der Homepage überlassen.

Möglichkeiten gibt es viele und in jeder steckt ein enormes Verkaufspotenzial. Manche Unternehmen verschlüsseln einen Bereich, so dass es für den Kunden noch spannender ist, wenn er genau in diesem Augenblick sein persönliches Passwort erhält und auf einige besondere Seiten zugreifen kann. Der Kunde ist schnell begeistert, wenn dort auch noch ein spezieller Nutzen geboten wird. Das können zum Beispiel im technischen Sektor Berechnungsgrundlagen für Auslegungen (zum Beispiel bei Maschinenauslastungen) sein oder spezielle Checklisten und Analysen.

Eigendynamik zulassen

Geht ein Kunde während der Webpräsentation doch einmal eigenständig auf bestimmte Rubriken, sollte das der Verkäufer ruhig zulassen. Vielleicht entdeckt der Kunde selbst etwas, das für ihn anziehend sein könnte. Hierbei ist der Verkäufer sicher: Der Kunde ist gedanklich immer dabei – ob beim Erstgespräch oder, wenn er bereits ein Angebot vorliegen hat. Der Verkäufer kann auch dann sehr schnell zusätzliche Möglichkeiten aufzeigen. Eines allerdings sollte nicht passieren: Dass sich Verkäufer und Kunde gemeinsam in endlos langen Schleifen über die Homepage bewegen. So spannend können ein Verkaufsgespräch und eine Webpräsentation nicht sein!

Nicht überstrapazieren!

Einen positiven Nebeneffekt hat dieser Weg des Online-Verkaufsgespräches übrigens noch: Kunden geben meist unmittelbar Feedback, wie ihnen die Seite gefällt, was sie besonders gelungen finden oder – und hier liegt gleich die Möglichkeit, die Web-Präsenz kontinuierlich zu verbessern – wo sie sich nicht so gut zurecht gefunden haben. Wie beim persönlichen Treffen sollte auch das Verkaufsgespräch über die Internetpräsentation zielgenau ablaufen. Gerade Einkäufer, aber auch Kunden in anderen Unternehmensbereichen, bekommen einfach zu viele Anrufe und Wünsche für individuelle Besuchstermine. In drei bis vier Minuten muss auch online das Wichtigste gesagt bzw. erklärt und gezeigt werden. Dann kann man den Kunden später ruhig selbst weiter stöbern lassen – deshalb folgt als Abschluss die Bitte, die Web-Adresse doch einfach unter den „Favoriten" zu speichern.

Eines darf im Verkauf natürlich niemals fehlen: Die möglichst konkrete Terminvereinbarung für das nächste Gespräch – ob herkömmlich unter vier Augen oder wieder online und virtuell. Manche Unternehmen verbinden beides auf eine reizvolle Art und Weise: Wie früher auf manchen Briefen ein Foto des Verkäufers abgedruckt war, gibt es heute die Möglichkeit, nicht nur das Bild des Verkäufers auf der Homepage zu sehen, sondern ihn über eine Webcam sogar lebendig werden zu lassen. Geht der Verkäufer mit dem Kunden also die Präsentation im Netz durch, wird er live eingeblendet. Für den Kunden eine interessante Sache, weil er den Verkäufer schließlich sehen kann, dieser ihn umgekehrt allerdings nicht. „Der hat nichts zu verbergen!" ist nur eine der positiven Assoziationen, die beim Kunden in dem Moment auftauchen.

... NUR DU VERKAUFST!

Sollte es Ihnen technisch noch nicht möglich sein, Ihr Bild über eine Webcam live einzublenden, beginnen Sie doch Ihre Präsentation einmal mit einer kurzen Vorstellung Ihrer Person, bei der Sie den Gesprächspartner auf Ihr Bild lenken. So kann er sich im wahrsten Sinn des Wortes schon einmal „ein Bild" von Ihnen machen. Das schafft Vertrauen und er sieht, mit wem er telefoniert.

5.6 Vom Lieb-Kuscheln zum Final-Verkaufen

Schluss mit Kuscheln! Viel zu lange sind Verkäufer dazu aufgefordert und darauf trainiert worden, immer lieb und nett zu ihren Kunden zu sein. Doch verkauft haben sie damit nicht – mehr, oder? Kunden schätzen es inzwischen, wenn Verkäufer ihnen direkt und zielgenau sagen, was sie für das Beste halten. Final-Verkaufen bringt dem Käufer eine klare Entscheidungsgrundlage und Ihnen den gewünschten Mehr-Umsatz!

So entwickeln Sie den finalen Biss!

Viele Verkäufer haben inzwischen gelernt, auf die Bedürfnisse des Kunden einzugehen. Man schwingt sich aufeinander ein, die Gespräche verlaufen harmonisch, Nutzen wird geboten, Fragen gestellt und Wünsche herausgefiltert. Doch vom Kuschler zum Verkäufer fehlt oft der entscheidende Schritt: Signale des Kunden werden nicht erkannt, Abschlüsse zerredet und am Ende geht man mit einem „Wir hören uns wieder" ohne Ergebnis auseinander. Warum das so ist, zeigt eine Geschichte: Sie beginnt mit dem mangelnden Selbstbewusstsein des Verkäufers, bedingt durch das schlechte Image des Berufsbildes. Sie geht über in die mangelnde Fähigkeit, Begeisterung zu vermitteln und fehlende Techniken in der gezielten Gesprächsführung. Und sie endet darin, dass Verkäufer nicht gelernt haben, den nötigen Biss, also eine Mischung aus Fleiß und Ausdauer zu entwickeln, um den Kunden nicht mehr loszulassen.

Wie bekannt kommt Ihnen das vor? Sie betreten die Fachabteilung eines Warenhauses, da Sie sich für ein bestimmtes Produkt interessieren. Sie benötigen nähere Informationen, um Ihre Kaufentscheidung zu treffen. Also machen Sie sich auf die Suche nach einer kompetenten Verkaufskraft. Die erste Person, die Sie ansprechen, ist „nicht zuständig". Eine weitere Verkäuferin und ihr Kollege drehen Ihnen schnell den Rücken zu, als Sie sich nähern – sie sind scheinbar intensiv in ein Gespräch vertieft. An der Kasse erfahren Sie dann auf Nachfrage, dass eben jene Dame und jener Herr die Fachabteilung betreuen, doch mittlerweile sind sie wie vom Erdboden verschwunden. Frustriert und entnervt verlassen Sie das Kaufhaus, ohne dort etwas gekauft zu haben. Das Beispiel ist nur eines von vielen: Ganz gleich, ob Sie bei einer Bestell-Hotline anrufen, einen kompetenten Handwerksbetrieb suchen oder nur eine Frage zu einem Produkt oder einer Leistung haben – man will Ihnen offenbar nichts verkaufen!

Dabei wäre genau dies heute einfacher denn je. Neue Medien, und gezielte Marktforschungen haben das Kundenverhalten und seine Bedürfnisse mittlerweile umfassend durchleuchtet, Tendenz steigend. Der Kunde wird immer transparenter, der Verkäufer informierter und besser – zumindest theoretisch. In der Verkaufspraxis hingegen ist davon bislang nur wenig zu spüren. Offenbar ist der Leidensdruck noch nicht groß genug. Irgendwie schlägt man sich durch – noch macht der Kunde ja mit. Fragt sich nur, wie lange noch ...

Genau darin besteht die Chance für Verkäufer, für gute Verkäufer. Um erfolgreich zu verkaufen, sollten Sie in Zukunft nicht nur schneller sein, mehr über den Kunden wissen und dieses Wissen gezielt einsetzen, sondern vor allem einfach besser sein, als die Mitbewerber! Was Sie dazu brauchen, ist Wille, Mut und Fleiß – und das ist allein eine Frage des Trainings und der Einstellung.

Sprache und Verhalten in der Entscheidungsphase

Wenn sich ein Verkaufsgespräch dem Ende nähert, ist vom Verkäufer erhöhte Aufmerksamkeit gefragt. Denn der Kunde sendet ganz klare Kaufsignale aus, die Sie sowohl inhaltlich als auch sprachlich erkennen müssen. Ihre Aufgabe ist es dann, zum Abschluss zu kommen und dabei das Produkt oder die Dienstleistung sowie Ihre Firma optimal zu vertreten. Dazu müssen Sie zunächst die unmissverständlichen Indizien verstehen, die den Kunden, bewusst oder unbewusst, als kaufinteressiert enttarnen. Am einfachsten ist es natürlich, wenn der Kunde von sich aus äußert, dass er kaufen möchte. In dieser Situation sind alle weiteren Worte überflüssig und Sie können direkt zum Abschluss kommen. Doch die meisten Verkaufsgespräche sind etwas anspruchsvoller! Relativ eindeutig ist die Tendenz allerdings auch, wenn von Kundenseite plötzlich Fragen nach dem „Danach" kommen, er sich also zum Beispiel nach Kundendienst und Wartungsmöglichkeiten erkundigt. Auch hier gilt: Keine Zeit verlieren und festzurren!

Nicht immer auf den ersten Blick zu erkennen, da oft als interessiertes Nachfragen getarnt, ist die Beschäftigung des Kunden mit Einzelheiten des Produktes oder der Dienstleistung. Redet er zum Beispiel plötzlich über Zubehör oder Sonderwünsche, hat er innerlich den Kauf bereits vollzogen. Auch ein spürbarer Anstieg der zustimmenden Bemerkungen könnte ein erster Hinweis auf die Identifikation mit dem Produkt sein – und damit auf Kaufinteresse deuten. Eindeutiges Kaufinteresse ist vor allem auch an der Körpersprache des Kunden abzulesen: Gestik und Mimik sind auf das Produkt fokussiert, zustimmendes Nicken mit dem Kopf verdeutlicht die innere Bereitschaft des Gesprächspartners. Untrügliches Indiz ist auch der Moment, in dem der Kunde erneut nach dem Produkt, sofern es ein Produkt gibt, greift, es also nach dem Kennenlernen sämtlicher Nutzenversprechen noch einmal „durch seine Brille" betrachtet und mit den Händen nachspürt.

Wenn der Kunde „ja" sagt...

Es ist endlich soweit: Der Kunde möchte offenbar Ihr Angebot wahrnehmen – und all Ihr Wille und Mut hat sich gelohnt! Nun gilt es, auch in dieser Phase des Verkaufsgesprächs selbstsicher und ohne Leistungsabfall zu agieren. Oberstes Gebot ist jetzt Ruhe und Gelassenheit. Strahlen Sie mit Körper und Gesichtsausdruck freundliche Sicherheit aus, so dass die positive Grundstimmung erhalten bleibt. Vermeiden Sie neue Gesprächspunkte, die Sie von Ihrem eigentlichen Ziel wieder abbringen könnten. Dieser Fehler unterläuft weit mehr Verkäufern, als Sie sich vielleicht vorstellen können! Denn hier werden oftmals ganze Abschlüsse zerredet. Bleiben Sie ruhig! Sie haben es endlich geschafft und nehmen selbstbewusst den Auftrag entgegen. Das dürfen Sie auch, denn Sie haben es sich verdient. Betrachten Sie den Kaufabschluss als eine besondere Leistung und genießen Sie Ihren Verkaufserfolg.

Jetzt liegt es an Ihnen: Mit all den Strategien und Tipps, die Sie in diesem Buch kennen gelernt haben, sind Sie in der Lage, final zu verkaufen anstatt noch länger mit Ihren Kunden lieb zu kuscheln. Bleiben Sie am Ball, trainieren Sie kontinuierlich, um beim Finale Ihr Können auf den Punkt zu bringen. Machen Sie sich bewusst: Wenn Sie nicht abschließen, macht es ein anderer. Wer im Verkauf nicht abschließt, arbeitet für die Konkurrenz. Wollen Sie das wirklich? Sonst hätten Sie dieses Buch nicht gekauft und gelesen. Sie haben den Willen, sich weiterzuentwickeln. Arbeiten Sie kontinuierlich weiter an sich! Nutzen Sie Ihre persönliche Leidenschaft und Ihre Fähigkeiten! Und vergessen Sie niemals:

... NUR DU VERKAUFST!

6. Praxis pur – Beispiele wie … NUR DU VERKAUFST

Zum Abschluss möchte ich Ihnen an dieser Stelle einige konkrete Praxisbeispiele vorstellen. Anhand dieser erkennen Sie, dass sich mit den Inhalten aus diesem Buch aktuelle Herausforderungen tatsächlich lösen lassen. Alle Beispiele bieten darüber hinaus auch die Möglichkeit, die Thematiken mit etwas Geschick in andere Branchen und Bereiche zu übertragen. Die Beispiele zeigen nur einen kleinen Ausschnitt meines Tätigkeitsgebietes – ohne extrem in die Tiefe zu gehen, da es ansonsten den Rahmen eines solchen Zusatzkapitels gesprengt hätte. Die dargestellten Aktionen sollen die im Buch beschrieben Themen für Sie lebendiger werden lassen.

6.1 Aktion: Telefonisches Nachfassen des Jahreskatalogs

Auf einen Blick

- **Unternehmen**
  Elektrohandwerk: Verkauf von Installationstechnik – Steckdosen, Schalter, Leitungen, Verlegesysteme
- **Teilnehmer**
  Mitarbeiter aus dem Bereich Telefonverkauf und Kundenbetreuung
- **Kunden/Zielgruppe**
  Elektroinstallateure

Aufgabenstellung:

- Nachfassen des versendeten Jahreskatalogs
- Verantwortliche Zielperson erreichen
- Hinweis auf Produktneuerscheinungen
- Vorstellen und Präsentieren der Neuerscheinungen
- Erste Verkäufe aus dem neuen Jahreskatalog generieren

Vorgehensweise:
Die nachfolgenden Fragen sind ausschließlich für die Ansprache mit den verantwortlichen Zielpersonen gedacht!

- *„Wann haben Sie den Katalog erhalten?“*
  Praxishinweis: Hier handelt es sich um eine offene strategische Frage. Sie soll den Gesprächspartner dazu bringen, über die Sache nachzudenken.
- *„Welche Produkte aus dem Katalog sprechen Sie besonders an?“*
- *„Wie wirken die Produktneuerungen auf Sie?“*
- *„Welche Erfahrungen haben Sie bereits mit dem Einsatz einzelner Produkte gewonnen?“*
- *„Wann haben Sie die Möglichkeit, Ihren Kunden die Produktneuerungen vorzustellen?“*
- *„Wann hat unser Außendienst die Möglichkeit, Ihnen einige Neuerungen vor Ort zu präsentieren?“*

Herausforderung:
Da die verantwortlichen Zielpersonen in vielen Fällen tagsüber auf den Baustellen unterwegs sind, war es im ersten Gespräch oftmals nur möglich, mit den vorgeschalteten Personen zu sprechen. In unserem Fall waren dies zum einen die Frauen der Elektroinstallateure (bei kleineren Betrieben) oder nicht verantwortliche Mitarbeiter. Durchaus gab es bei einigen Unternehmen auch Anrufbeantworter.

Zu Beginn unserer Zusammenarbeit haben sich meine Teilnehmer oftmals auf die Gespräche mit den vorgeschalteten Personen eingelassen. Mit dem Ergebnis, dass diese Person erst mit der verantwortlichen Zielperson Rücksprache nehmen musste oder (wie im nachfolgenden Schaukasten beschrieben) mit Widerständen reagierte.

... NUR DU VERKAUFST: So überwinden Sie Widerstände

Gerne sprechen Verkäufer mit vorgeschalteten Personen, da diese Gespräche leichter zu führen sind und schneller zu einem (allerdings oftmals negativen) Ergebnis führen.

Praxistipp: Vermeiden Sie eine umfassende Kommunikation mit vorgeschalteten Personen – je knapper die Kommunikation mit vorgeschalteten Personen ist, desto besser.

Vergessen Sie den Satz: „Du musst dich mit der vorgeschalteten Person verbünden!" Warum sollte diese sich gerade mit Ihnen verbünden? Sie sind heute erst Anrufer Nr. 4 – es kommen noch 12 weitere!

Unbedingt nach der verantwortlichen Zielperson fragen – oftmals lässt allerdings die Angst der Verkäufer Sie zögern, direkt nach der Zielperson zu fragen. Gehen Sie wie folgt vor:

- *„Wann erreiche ich Frau/Herrn ... am besten?"*
- *„Unter welcher Direktwahl erreiche ich Frau/Herrn ... dann?"*
- *„Wo erreiche ich Frau/Herrn ... jetzt mobil?"*

Praxishinweis: Keine Angst vor dieser Frage, wenn Sie die Mobilnummer haben, können Sie immer noch entscheiden, ob Sie anrufen oder nicht. Oft erlebe ich es in meinen Trainings, dass die Teilnehmer Angst haben, mobil anzurufen. „Man könnte ja stören" oder der Gesprächspartner könnte gerade in einer Besprechung sein.

Liebe Verkäufer, wenn das so wäre, hätte der Gesprächspartner die Möglichkeit gehabt, sein Mobiltelefon abzuschalten, macht er das nicht, muss er mit einem Anruf „von Ihnen" rechnen.

Praxistipp: Sagen Sie, von wem Sie die Mobilnummer haben, das entschärft die Situation.

Gesprächspartner: *„Wir benötigen zur Zeit nichts."*

Verkäufer: *„Bis wann (genau) benötigen Sie etwas?"* (Bei verantwortlichen Zielpersonen)

„Wer gemeinsam mit Ihnen trifft diese verantwortliche Entscheidung?" (Bei vorgeschalteten Personen)

Gesprächspartner: *„Wir haben einen anderen Lieferanten!"*

Verkäufer: *„Was ist denn das Besondere an der Zusammenarbeit mit Ihrem jetzigen Lieferanten?"*

Vorsicht bei Anrufbeantwortern!

Sprechen Sie nicht auf Anrufbeantworter – dies führt lediglich dazu, dass Sie dem Gesprächspartner die Möglichkeit geben, sich auf das (nächste) Gespräch mit Ihnen vorzubereiten. Dies gilt insbesondere, wenn er sich Ausreden überlegen will, warum er nicht bei Ihnen kaufen möchte!

6.2 Aktion: Telefonisches Nachfassen von Angeboten an Wiederverkäufer

Auf einen Blick

- **Unternehmen**
  Mess- und Regeltechnik: Verkauf von Thermoelementen, Infrarot-Messtechnik und Temperaturfühlern
- **Teilnehmer**
  Mitarbeiter aus dem Verkauf: Innen- und Außendienst
- **Kunden/Zielgruppe**
  Industriekunden

Aufgabenstellung:

- Nachfassen von Angeboten, die per E-Mail oder als Print versendet wurden.
- Verantwortliche Zielperson erreichen
- Aktuellen Verlauf des Angebotes erarbeiten
- Angebot zum Auftrag führen

Vorgehensweise:
Holen Sie sich nach circa acht Tagen eine erste Information zu Ihrem Angebot ein. Wir haben hier einen eher etwas längeren Zeitraum zum Nachfassen gelassen, da wir davon ausgehen, dass der Wiederverkäufer das Produkt auch erst seinem Interessenten anbieten muss.

Das heißt rufen Sie jetzt Ihren Wiederverkäufer an und verwenden Sie folgende Formulierungen:

- *„Wann haben Sie das Angebot erhalten?"* (Bei Printversand des Angebotes)
- *„Wie ist der aktuelle Stand in Sachen des Angebotes?"*
  Verschaffen Sie sich in diesem Stadium einen Überblick über die Angebotssituation. Versuchen Sie jetzt Ihren Wiederverkäufer zu konkreten Handlungen zu bewegen.
- *„Welche Möglichkeit haben wir, Sie bei Ihren Verkaufsaktivitäten zu unterstützen?"*
- *„Was denken Sie, wann in dieser Sache die Entscheidung fällt?"*
- *„Bis wann soll ich mich nochmals bei Ihnen melden?"*

Herausforderung:
Sehr selten nehmen die Wiederverkäufer Kontakt mit Ihren Interessenten auf, Sie begeben sich meistens in eine Warteposition.

... NUR DU VERKAUFST: So überwinden Sie Widerstände

Geben Sie sich nicht mit nachfolgenden Widerständen Ihrer Wiederverkäufer zufrieden:

Wiederverkäufer: *„Wir haben noch keine Information von unserem Interessenten."*

Verkäufer: *„Wann haben Sie das letzte mal mit Ihrem Interessenten gesprochen?"*
„Wie wichtig ist es Ihnen, Ihren Interessenten im Kaufprozess zu unterstützen?"

Wiederverkäufer:	*„Wir verkaufen das Produkt auch nur weiter."*
Verkäufer:	*„Welche Verkaufsunterstützung benötigen Sie noch?"*
	„Welche Möglichkeit geben Sie uns, Sie im Verkaufsprozess zu begleiten?"
Wiederverkäufer:	*„Da ist noch keine Entscheidung gefallen."*
Verkäufer:	*„Was denken Sie, wann ist der geeignete Zeitpunkt, dass Sie Ihren Interessenten nochmals anrufen?"*
Wiederverkäufer:	*„Wir melden uns dann schon, wenn wir den Auftrag haben."*
Verkäufer:	*„Wann ungefähr rechnen Sie mit dem Auftrag Ihres Interessenten?"*

6.3 Aktion: Nachfassen von Exposés im Immobilienbereich

Auf einen Blick

- **Unternehmen**
  Immobilienmakler: Verkauf von Eigentumswohnungen und Häusern
- **Teilnehmer**
  Mitarbeiter aus dem Verkauf: Innen- und Außendienst
- **Kunden/Zielgruppe**
  Privatkunden

Aufgabenstellung:

- Nachfassen von Exposés – vorausgesetzt der Zustimmung des Interessenten
- Aktuelle Kaufsituation erfassen
- Kaufinteresse am angebotenen Objekt eruieren
- Besichtigungstermin vereinbaren

Vorgehensweise:

Erstes Nachfassen nach zwei bis drei Tagen.

- *„Wann haben Sie das Exposé erhalten?"* (Print)
- *„Wann hatten Sie die Möglichkeit, sich über das Exposé informieren?"* (E-Mail)
- *„Was am Exposé hat Sie besonders angesprochen?"*
- *„Wann haben wir die Möglichkeit, das Objekt zu besichtigen?"*
- *„Wer gemeinsam mit Ihnen hat die Finanzierung realisiert?"*
  Bei dieser Frage soll ergründet werden, wie weit die Kaufentscheidung schon gereift beziehungsweise wie der Kauffortschritt ist. Diese Frage sollte bereits in einem Vorgespräch erarbeitet werden.
- *„Bis wann möchten Sie in Ihrer neuen Immobilie wohnen?"*
  Stecken Sie mit dieser Frage den angedachten Realisierungszeitpunkt ab.

Herausforderung:

Zu langes Hinausziehen von Kaufentscheidungen vermeiden

... NUR DU VERKAUFST: So überwinden Sie Widerstände

Trauen Sie sich, direkt auf den Gesprächspartner zuzugehen. Sprechen Sie die Dinge direkt an. Werde Sie konkret!

Interessent: *„Wir haben das Exposé noch nicht gelesen."*
Verkäufer: *„Welche Möglichkeit haben wir, dass jetzt gemeinsam zu machen?"*

Interessent: *„Wir haben noch keine Entscheidung getroffen."*
Verkäufer: *„Bis wann werde Sie die Entscheidung treffen?"*
„Wer ist an der Entscheidungsfindung noch beteiligt?"

Interessent: *„Wir melden uns wieder!"*
Verkäufer: *„Welche Punkte sind für Sie noch offen?"*
„Bis wann hören wir wieder von Ihnen?"

Sollte sich der Interessent nicht bis zum vereinbarten Termin melden, rufen Sie wieder an! Mit folgender Eingangsformulierung:

Verkäufer: *„Wir hatten ja vereinbart, dass wir nochmals miteinander sprechen, ...“*

Interessent: *„Das muss ich erst mit meiner Frau/meinem Mann absprechen.“*

Verkäufer: *„Welche Möglichkeit haben wir, Ihre Frau/Ihren Mann mit in die nächste Besprechung einzubinden?“*

6.4 Aktion: Interessentenansprache im Verkaufsraum

Auf einen Blick

- **Unternehmen**
  Autohaus: Verkauf von Neu- und Gebrauchtwagen
- **Teilnehmer**
  Automobilverkäufer
- **Kunden/Zielgruppe**
  Privatkunden

Aufgabenstellung:

- Erstansprache von Interessenten im Verkaufsraum
- Informationen zur Kaufmotivation erarbeiten

Vorgehensweise:

Sprechen Sie als Verkäufer die Kunden im Verkaufsraum an!
Bleiben Sie nicht am Schreibtisch sitzen und warten Sie nicht, bis der Kunde Sie anspricht.

Viele Autohäuser haben eine zusätzliche Verkaufsfläche im Außenbereich – leider findet man dort nur sehr selten einen Verkäufer. Haben Sie auch diesen Bereich im Blickfeld und gehen Sie auch dort auf interessierte Kunden zu!

- *„Welches Fahrzeug spricht Sie besonders an?"*
- *„Welches Auto fahren Sie im Moment?"*
- *„Was muss Ihr neues Auto unbedingt haben?"*

Herausforderung:
Kunden wollen sich nur umschauen, werden ungern konkret und verbindlich.

... NUR DU VERKAUFST: So überwinden Sie Widerstände

Interessent:	*„Ich schaue mich nur mal um."*
Verkäufer:	*„Welches Fahrzeug interessiert Sie denn besonders?"*
	„Wie kann ich Sie dabei unterstützen?"
	„Welches Fahrzeug wollen wir uns gemeinsam anschauen?"

Profis nutzen auch „Nicht-Verkaufsituationen":
Eine sehr enge Zusammenarbeit zwischen Werkstatt und Verkauf ist der Schlüssel zum Thema Kundenbindung und Kundenpflege. In einem erfolgreichen Autohaus weiß der Verkauf, welche Kunden am heutigen Tag ihr Fahrzeug zum Service in der Werkstatt abgeben. Nehmen Sie sich als Verkäufer etwas Zeit und besuchen Sie Ihren Kunden bei der Abgabe seines Fahrzeuges. Durchaus ist es von Vorteil, wenn der Werkstattmeister Ihnen einen kurzen Hinweis nach Eintreffen des Kunden gibt. Genau bei diesen Gesprächen erfahren Sie viel über Ihren Kunden.

6.5 Aktion: Verkauf Außendienst

Auf einen Blick

- **Unternehmen**
  Dentalbranche: Verkauf von Dentalprodukten für Labore
- **Teilnehmer**
  Mitarbeiter im Verkaufsaußendienst
- **Kunden/Zielgruppe**
  Zahntechnische Labore/Praxislabore von Zahnärzten

Aufgabenstellung:

- Neukundengewinnung
- Bestandskundenpflege

Vorgehensweise:

Kaltbesuch von Neukunden/Direktbesuche bei Bestandskunden

Praxistipp: Erfragen Sie bei einer telefonischen Terminvereinbarung mit einem Neukunden die Position/Stellung des Gesprächspartners. So vermeiden Sie, dass Sie nachher vor Ort Gespräche mit vorgeschalteten Personen führen.

- *„Welchen Bereich begleiten Sie im Unternehmen?"*
- *„Was ist Ihr Aufgabenschwerpunkt?"*
- *„Welche Position begleiten Sie im Unternehmen?"*

Herausforderung:

- Schlechte Erreichbarkeit der verantwortlichen Zielperson
- Zielperson hat wenig Zeit
- Labor hat zurzeit keinen Bedarf oder anderen Lieferanten

... NUR DU VERKAUFST: So überwinden Sie Widerstände

Kunde: *„Der Chef/Entscheider ist nicht im Haus!"*

Verkäufer: *„Wer ist der verantwortliche Ansprechpartner für die Terminplanung des Chefs?"*

„Wann genau ist er wieder zu erreichen?"

„Mit wem muss ich sprechen, um jetzt mit ihm einen verbindlichen Termin zu vereinbaren?"

Kunde: *„Mit dem Produkt XY sind wir noch gut versorgt!"*

Verkäufer: *„Wie viel haben Sie noch davon?"*

„Wie ist Ihr aktueller Verbrauch?"

Hinweis: Erfragen Sie genaue Mengen. Das gibt Ihnen die Möglichkeit, in etwa zu errechnen, wann der Kunde wieder nachbestellen muss – legen Sie sich die Sache dann auf Wiedervorlage.

Kunde: *„Ich habe zwar nicht viel Zeit, aber zeigen Sie mal schnell, was Sie Neues haben."*

Präsentationstipp: Zeigen Sie Ihrem Kunden nicht „nur" die Produkte oder Produktneuerungen – erarbeiten Sie diese mit Ihm durch das Stellen von zielgenauen offenen strategischen Fragen ergründen Sie seine Kaufmotivation:

„Was machen Sie bereits in diesem Bereich?"

„Welche Erkenntnisse haben Sie in diesem Segment gewonnen?"

„Wann haben Sie das letzte Mal über XY nachgedacht?"

Praxistipp: Binden Sie den Kunden mit in Ihr Gespräch ein! Die Devise heißt hier: vom Präsentationsmonolog zum Präsentationsdialog. Geben Sie Ihrem Kunden Muster, Modelle oder Proben in die Hand – lassen Sie ihn probieren. Wecken Sie den Spieltrieb Ihres Kunden!

Immer an den Folgetermin denken:

Nutzen Sie am Ende des Gespräches die Möglichkeit, einen neuen Termin zu vereinbaren. Im Idealfall bestätigen Sie Ihrem Kunden diesen Termin gleich noch im Gespräch. Machen Sie sich einen Terminbestätigungszettel – ähnlich wie die, die Sie bei einem Arztbesuch erhalten. Auf diesem Terminzettel ist dann Ihr nächster Besuchs-(Verkaufs-)Termin vermerkt.

Diese Bestätigungen bieten auch perfekte Werbemöglichkeiten für Firmenlogo und Produktneuerungen.

Top-Verkäufer senden Ihrem Kunden nochmals circa fünf Tage vor dem Termin eine schriftliche Bestätigung per Print – nicht per E-Mail – Wertigkeit erhöhen!

6.6 Aktion: Telefonisches Nachfassen eines Messestandbesuchers

Auf einen Blick

- **Unternehmen**
  Verkauf von Fräs- und Bohrwerkzeugen
- **Teilnehmer**
  Verkaufsmitarbeiter
- **Kunden/Zielgruppe**
  Firmenkunden

Aufgabenstellung:

- Telefonisches Nachfassen von Messekontakten

Vorgehensweise:

Interessenten, die sich auf dem Messestand des Unternehmens über die Produktpalette informiert haben, sollen nach der Messe telefonisch kontaktet werden.

Mögliche Gesprächseinstiege nach der persönlichen Vorstellung sind:

- *„Was hat Sie denn auf unserem Messestand besonders angesprochen?"*
- *„Über welche Produktbereiche haben Sie sich genauer informiert?"*

Herausforderung:
Besucher Ihres Messestandes wollen sich oftmals nur ein Bild der angebotenen Produkte machen, um diese mit Ihren im Betrieb befindlichen zu vergleichen.

Die Interessenten waren auf vielen Ständen und können sich nicht gleich an Sie erinnern.

Praxishinweis: Schaffen Sie schon auf Ihrem Messestand Einzigartigkeiten (besondere Events auf dem Messestand oder spezielle Give-aways), die Sie dann in Ihr telefonisches Nachfassgespräch einbringen. Erhöhen Sie mit diesen Einzigartigkeiten den Widererkennungswert bei Ihrem Anruf. Erleichtern Sie damit Ihrem Interessenten, einen Bezug zu Ihnen, dem Messestand Ihres Unternehmens und Ihren Produkten herzustellen.

... NUR DU VERKAUFST: So überwinden Sie Widerstände

Kunde: *„Wir arbeiten seit langem mit YZ2 – Wettbewerbsprodukt, mit guten Ergebnissen in der Produktion!"*

Verkäufer: *„Was war denn Ihre Motivation, sich für dieses Produkt (ohne namentliche Nennung) zu entscheiden?"*

Sprechen beziehungsweise wiederholen Sie als Verkäufer die Konkurrenzprodukte, die Ihr Interessent nennt, nicht namentlich. Sagen Sie also nicht: *„Das ist interessant, dass heißt, Sie haben YZ2-Wettbewerberprodukt im Einsatz."* Mit einer namentlichen Nennung des Wettbewerberproduktes positionieren und verankern Sie nur dieses Produkt bei Ihrem Kunden.

Der elegantere Weg: Produkttests und Vorführungen

Bieten Sie Ihr Produkt zum Test oder zur Vorführung an. Am Besten vereinbaren Sie gleich mit Ihrem Kunden einen festen Test-/Vorführtermin, an dem Sie das Produkt mitbringen und gemeinsam mit den verantwortlichen Personen im Unternehmen testen.

Nutzen Sie unbedingt die Möglichkeit, beim Test bzw. bei der Vorführung persönlich dabei zu sein. Sollten sich Erkenntnisse und Fragen auf Interessentenseite ergeben, können diese gleich geklärt bzw. besprochen werden. Es reicht nicht aus, das Produkt zum Kunden zu schicken, mit dem Hintergrund, dass er es selbst testet und Ihnen dann bei Ihrem nächsten Besuch erzählt, wie der Test verlaufen ist!

Hinweis: Laden Sie alle Mitentscheider zur Vorführung ein!

Verkäufer: *„Was denken Sie, wer aus Ihrem Unternehmen von einer solchen Vorführung noch profitieren kann?"*

Diese Frage gibt Ihnen die Möglichkeit, Beeinflusser beziehungsweise Mitentscheider in den Vorführtermin einzubeziehen. Nutzen Sie diesen Termin und stellen Sie Ihr Produkt einem größeren Kreis vor. Beachten Sie, dass Sie in Einzelgesprächen dazu deutlich mehr Zeit benötigen.

6.7 Aktion: Print-Mailingaktion an Bestandskunden

Auf einen Blick

- **Unternehmen**
  Einzelunternehmen: Künstler in der Musikbranche
- **Teilnehmer**
  Ein Musiker, der etwas für seine Selbstvermarktung unternimmt
- **Kunden/Zielgruppe**
  Agenturen, Unternehmen die für Firmenfeiern und Veranstaltungen Künstler benötigen

Aufgabenstellung:

- Telefonisches Nachfassen einer Printmailingaktion mit einem speziellen Angebot
- Aufnahme in das Programm für das Folgejahr

Vorgehensweise:

Die telefonische Nachfassaktion sollte zwei bis drei Tage nach dem Versand des Print-Mailings erfolgen. Lassen Sie nicht zu viel Zeit vergehen, sonst besteht das Risiko, dass sich die Angeschriebenen nicht mehr an Ihr Mailing erinnern. In solchen Fällen helfen auch spezielle Mailingaktionen, die aus dem üblichen Muster herausfallen. Dies können bestimmte Größen, Formen oder Farben sein. Achten Sie also schon bei der Gestaltung einer Mailingaktion auf eine individuelle und besondere Darstellungsform. In unserem Beispiel hat der Künstler ein DIN A 0 Plakat gestalten lassen, welches seine Person und einen Teil seines Programms sowohl in Bild als auch in Text präsentierte. Mögliche Ansprache im Telefonat nach der persönlichen Vorstellung:

- *„Wann haben Sie das Mailing erhalten?“*
- *„Wo haben Sie das Mailing aufgehängt?“*
- *„Wie interessant ist für Sie die weitere Zusammenarbeit mit mir?“*

Herausforderung:
Die Agenturen und Unternehmen hatten bereits schon bestehende Kontakte zu anderen Künstlern aus der Vergangenheit und wollen diesen auch eine Chance geben.

... NUR DU VERKAUFST: So überwinden Sie Widerstände

Kunde:	*„Unser Programm ist schon wieder komplett belegt.“*
Verkäufer:	*„Genau das bietet Ihnen doch die Möglichkeit, aus Ihrer jetzt sicheren Position heraus einmal mit meinem aktuellen Programm zu vergleichen. Wann haben wir denn die Chance dazu?“*
Kunde:	*„Schicken Sie uns einfach Ihre aktuellen Unterlagen per E-Mail zu.“*
Verkäufer:	*„Wer ist denn für diesen Bereich der verantwortliche Ansprechpartner bei Ihnen?“* *„Was aus meinem neuen Programm ist denn für Sie von besonderem Interesse?“*
Kunde:	*„Schicken Sie die E-Mail bitte einfach an info@....de“*
Verkäufer:	*„An welche personenbezogene E-Mail-Adresse soll ich die Dokumentation schicken?“*

Praxishinweis: Lassen Sie sich immer personenbezogene E-Mail-Adressen geben! Und: Versenden Sie die E-Mail sehr zeitnah.

Formulieren Sie bei Ihrem Gespräch mit der Zielperson:

Verkäufer:	*„Die E-Mail wird Sie in den nächsten 30 Minuten erreichen. Was denken Sie, bis wann Sie die Möglichkeit haben, die E-Mail zu lesen?“*
Kunde:	*„Wir haben Ihre E-Mail bekommen. Wir werden uns bei Interesse melden.“*

Verkäufer: *„Was an der E-Mail hat Sie denn ganz besonders angesprochen?"*
„Bis wann werden Sie sich melden?
„Wann starten Sie mit Ihrer Programmplanung?"

6.8 Aktion: Kundenrückgewinnung am Telefon

Auf einen Blick

- **Unternehmen**
  Druckerei
- **Teilnehmer**
  Mitarbeiter im Verkaufsinnendienst
- **Kunden/Zielgruppe**
  Firmenkunden

Aufgabenstellung:

- Kontaktaufnahme mit Kunden, die länger als ein Jahr keinen Kontakt mehr mit der Druckerei hatten.

Vorgehensweise:

Generell ist es bei der Kundenrückgewinnung wichtig zu erkennen, dass Sie den Kontakt zum Kunden nicht regelmäßig gepflegt haben. Daher heißt die Devise für die Zukunft: Bleiben Sie an Ihrem Kunden dran – auch wenn er gekauft hat! Leider wird dies in vielen Unternehmen vergessen. Möglicher Gesprächseinstieg nach der persönlichen Vorstellung:

- *„Was hat Sie denn dazu veranlasst, längere Zeit auf unsere Druck-Erzeugnisse zu verzichten?"*
- *„Welches Produkt/welche Dienstleistung setzen Sie zurzeit ein?"*

- *„Was müssen wir machen, damit wir Sie wieder zu unseren begeisterten Kunden zählen dürfen?“*

Herausforderung:

- Kunden haben sich bereits nach anderen Lieferanten umgeschaut
- Kunden waren mit Produkten, Lieferungen und Leistungen nicht mehr zufrieden und sind stillschweigend abgewandert

... NUR DU VERKAUFST: So überwinden Sie Widerstände

Kunde: *„Da wir von Ihnen nichts mehr gehört haben, haben wir uns dafür entschieden, einmal einen anderen Anbieter auszuprobieren.“*

Verkäufer: *„Was schätzen Sie denn an der Zusammenarbeit mit Ihrem jetzigen Lieferanten besonders?“*

„Welche Punkte sind für Sie bei einer weiteren Zusammenarbeit von besonderem Interesse?“

„Was war denn Ihre Motivation, sich für einen anderen Anbieter zu entscheiden?“

Kunde: *„Wir waren mit bestimmten Leistungsbereichen Ihres Unternehmens/Ihrer Produkte nicht mehr zufrieden.“*

Praxishinweis: Fragen Sie direkt nach eigenen Schwächen.
Lernen Sie, bei der Kundenrückgewinnung die Dinge direkt anzusprechen – Sie können nur gewinnen, Ihr früherer Kunde kauft bereits wo anders:

„Welche Bereiche genau sprechen Sie an?“
„Wann genau war das?“

Leiten Sie jetzt in die zukünftige Zusammenarbeit ein:
„Wann wird bei Ihnen wieder über eine Neuanschaffung entschieden?“
„Welche Möglichkeit haben wir, dann von Ihnen eine Testanfrage zu erhalten?“

Praxistipp: Fragen Sie, jedoch nicht direkt nach Aufträgen.
Arbeiten Sie hier bewusst mit dem Wort „Testanfrage“, das macht es dem Kunden leichter, da es für ihn noch nicht zu konkret wirkt. Ihr Kunde wird Ihnen dann durchaus die Möglichkeit geben, sich erneut zu beweisen.

Nachwort des Autors

Nun sind wir sozusagen gemeinsam am Ende dieses Buches, unserem Ziel, angekommen – und doch nicht. Denn ähnlich einer Bergtour, die den Wanderer erst zum Gipfel und dann wieder zurück ins Tal führt, werden Sie auf Ihrem Weg als Verkäufer ebenfalls immer wieder Gipfel erklimmen, aber auch den Weg zurück ins Tal nicht vermeiden können. Doch bei jedem Auf- und Abstieg werden Sie wertvolle Erfahrungen sammeln. Sie trainieren Ihre Kondition, Ihre (körperliche und geistige) Beweglichkeit, Ihre Koordination. Ich habe übrigens beim Schreiben dieses Buches eine ähnliche Erfahrung gemacht – denn auch dazu braucht man all diese Eigenschaften. Mir persönlich hat es enorm viel Spaß gemacht, im Vorfeld unsere Route auszuwählen, mich um die benötigte Ausrüstung zu kümmern und dann – in diesem Buch schließlich – Ihr Begleiter zu sein.

Apropos Begleiter – auch ich hatte seit 1995, dem Beginn meiner Tätigkeit als Vortragsredner, Coach und Trainer viele Wegbegleiter. Gemeinsam waren wir zahlreiche Wochen, Tage und Stunden in unzähligen Verkaufsgebieten unterwegs. Ich traf dabei viele hervorragende Verkäufer, die das, was sie tun, voller Leidenschaft ausüben – trotz aller wirtschaftlichen Prognosen und dem nicht immer positiven Image dieses Berufsstandes. Sie können stolz auf sich sein! Und ein klein wenig bin ich auch selbst stolz darauf, dem einen oder anderen ein neues, mutiges Bild gegeben zu haben. Es ist dieser unbändige Wille, mehr Erfolg zu haben, der uns gemeinsam jeden Tag erneut unsere Aufgaben angehen lässt.

All jenen Teilnehmern und Wegbegleitern möchte ich an dieser Stelle danken, für unendlich viele wertvolle Anregungen aus der Praxis des Verkaufens. Diese Beispiele haben dazu beigetragen, dieses Buch um einiges lebendiger werden zu lassen. Dank Ihnen konnte ich das eine oder andere gedankliche Hindernis überwinden und kreative Ansätze weiterentwickeln.

Der aktive Austausch war für dieses Buch nicht nur inhaltlich bereichernd, sondern auch für mich persönlich und menschlich ein Gewinn.

Kein Ende ohne neuen Anfang! Deshalb freue ich mich jetzt über den regen Gedankenaustausch zu den Inhalten dieses Buches. Sprechen Sie mich gerne auf spezielle Punkte an, die Sie bewegen oder zu denen Sie weitere Impulse haben. Denn genau das macht erfolgreiche Verkäufer aus: Der stetige Wille, besser zu werden! Die Leidenschaft, täglich an sich zu arbeiten! Und schließlich der Mut, den verdienten Erfolg auch zu genießen!

Viel Spaß dabei wünscht Ihnen

Karlsruhe, August 2010

Sascha Bartnitzki

Literaturverzeichnis

Bartnitzki, Sascha: Piranha Selling – Mit Biss in eine neue Dimension des Verkaufens, IPT Innovatives Personaltraining 2009

Beutelmeyer, Werner, Seidl, Conrad: Die Marke ICH. So entwickeln Sie Ihre persönliche Erfolgsstrategie, Redline Wirtschaftsverlag 2006

Covey, Stephen R.: Die 7 Wege zur Effektivität: Prinzipien für persönlichen und beruflichen Erfolg, Gabal Verlag 2009

Frädrich, Stefan: Günter – Der innere Schweinehund. Ein tierisches Motivationsbuch, Gabal Verlag 2004

Gottschling, Stefan: Lexikon der Wortwelten, SGV Verlag 2010

Sprenger, Reinhard K.: Die Entscheidung liegt bei dir! Wege aus der alltäglichen Unzufriedenheit, Campus Verlag 2010

Sprenger, Reinhard K.: Mythos Motivation: Wege aus einer Sackgasse, Campus Verlag 2010

Mittenhuber, Regina: Vertriebspraxis Innendienst, mi-Wirtschaftsbuch Verlag 2009

Nowotny, Valentin: Die neue Schlagfertigkeit. Schnell, überraschend und sympathisch, BusinessVillage Verlag 2009

Werth, Jacques, Ruben, Nicholas E., Franz, Michael: High Probability Selling – Verkaufen mit hoher Wahrscheinlichkeit. So denken und handeln Spitzenverkäufer!, BusinessVillage Verlag 2009

Weyand, Giso: Allein erfolgreich – Die Einzelkämpfermarke. Erfolgreiches Marketing für beratende Berufe, BusinessVillage Verlag 2009

Stichwortverzeichnis

O

P

R

S

T

U

V

W

Z